冶金工业建设工程预算定额

（2012 年版）

第六册　金属结构件制作与安装工程

北　京

冶 金 工 业 出 版 社

2013

图书在版编目（CIP）数据

冶金工业建设工程预算定额：2012年版．第六册，金属
结构件制作与安装工程/冶金工业建设工程定额总站编．
—北京：冶金工业出版社，2013.1
　　ISBN 978-7-5024-6111-9

　　Ⅰ．①冶…　　Ⅱ．①冶…　　Ⅲ．①冶金工业—金属结构—结构
构件—制作—建筑预算定额—中国　　②冶金工业—金属结构—
结构构件—建筑安装—建筑预算定额—中国　　Ⅳ．①TU723.3

中国版本图书馆CIP数据核字（2012）第282210号

出　版　人　谭学余
地　　　址　北京北河沿大街嵩祝院北巷39号，邮编100009
电　　　话　（010）64027926　电子信箱　yjcbs@cnmip.com.cn
责任编辑　李培禄　李　臻　美术编辑　彭子赫　版式设计　孙跃红
责任校对　卿文春　刘　倩　责任印制　牛晓波
ISBN 978-7-5024-6111-9
冶金工业出版社出版发行；各地新华书店经销；三河市双峰印刷装订有限公司印刷
2013年1月第1版，2013年1月第1次印刷
850mm×1168mm　1/32；11.25印张；301千字；343页
70.00元

冶金工业出版社投稿电话：（010）64027932　投稿信箱：tougao@cnmip.com.cn
冶金工业出版社发行部　电话：（010）64044283　传真：（010）64027893
冶金书店　地址：北京东四西大街46号（100010）　电话：（010）65289081（兼传真）
（本书如有印装质量问题，本社发行部负责退换）

冶金工业建设工程定额总站　文件

冶建定[2012]52 号

关于颁发《冶金工业建设工程预算定额》(2012 年版)的通知

　　为适应冶金工业建设工程的需要,规范冶金建筑安装工程造价计价行为,指导企业合理确定和有效控制工程造价,由总站组织冶金系统造价专业人员修编的《冶金工业建设工程预算定额》(2012 年版)已经完成。经审查,现予以颁发,自 2012 年 11 月 1 日起施行。原冶金工业建设工程定额总站颁发的《冶金工业建设工程预算定额》(2001 年版)(共十四册)同时停止执行。

　　本定额由冶金工业建设工程定额总站负责具体解释和日常管理。

冶金工业建设工程定额总站

二〇一二年九月十九日

总　说　明

一、《冶金工业建设工程预算定额》(2012 年版)共分十四册,包括:

第一册《土建工程》(上、下册)

第二册《地基处理工程》

第三册《机械设备安装工程》(上、下册)

第四册《电气设备安装工程》

第五册《自动化控制仪表安装工程、消防及安全防范设备安装工程》

第六册《金属结构件制作与安装工程》

第七册《总图运输工程》

第八册《刷油、防腐、保温工程》

第九册《冶金炉窑砌筑工程》

第十册《工艺管道安装工程》

第十一册《给排水、采暖、通风、除尘管道安装工程》

第十二册《冶金施工机械台班费用定额》

第十三册《材料预算价格》

第十四册《冶金工厂建设建筑安装工程费用定额》

二、《冶金工业建设工程预算定额》(2012 年版)(以下简称本定额)是完成规定计量单位分项工程计价所需的人工、材料、施工机械台班的指导性消耗量标准;是统一冶金建筑安装工程预算工程量计算规则、项目划分、计量单位的依据;是编制冶金建筑安装工程施工图预算、招标控制价、确定工程造价的依据;是编制概算定额(指标)、投资估算指标的基础;也可作为制定企业定额和投标报价的基础;其中建筑安装工程的工程量计算规则、项目划分、计量单位、工作内容等也可作为实行工程量清单计价、编制冶金建筑安装工程量清单的基础依据。

三、本定额适用于冶金工厂的生产车间和与之配套的辅助车间、附属生产车间的新建、扩建工程(包括技术改造工程)。

四、本定额是依据国家及冶金行业现行有关产品标准、设计规范、施工及验收规范、技术操作规程、质量评定标准和安全操作规程编制的,同时也参考了有代表性的工程设计、施工资料和其他资料。

五、本定额是按目前冶金施工企业普遍采用的施工方法、机械化装备程度、合理的工期、施工工艺和劳动组织条件,同时也参考了目前冶金建筑市场招投标工程的中标价格行情进行编制的,基本上反映了冶金建筑市场目前的投标价格水平。

六、本定额基价为 2012 年基期市场价格的水平,是建筑安装工程费用定额进行取费的基础。为维护冶金建筑市场正常秩序和参建各方的合法权益,本基价应根据冶金建筑安装工程市场要素(人工、材料、机械)价格的变化情况,进行动态管理。冶金行业各单位的工程造价管理部门,可根据社会发展和施工技术水平的进步,依据典型工程的测算,适时发布不同类型(别)工程的调整系数,对其进行调整,使之与冶金建筑市场的招投标价格行情基本上相适应。

七、本定额是按下列正常的施工条件进行编制的：

1. 设备、材料、成品、半成品、构件完整无损,符合质量标准和设计要求,附有合格证书、实验记录和技术说明书。

2. 安装工程和土建工程之间的交叉作业正常。如施工与生产同时进行时,其降效增加费按人工费的10%计取。

3. 正常的气候、地理条件和施工环境。如在特殊的自然地理条件下进行施工的工程,如高原、高寒、沙漠、沼泽地区以及洞库、水下工程,其增加费用应按省、自治区、直辖市的有关规定执行;如省、自治区、直辖市无规定时,可按有关部门的规定执行。

4. 如在有害身体健康的环境中施工时,其降效增加费按人工费的10%计取。

5. 水、电供应均满足建筑安装工程施工正常使用。

6. 安装地点、建筑物、设备基础、预留孔洞等均符合安装要求。

八、人工工日消耗量的确定:

1. 本定额的人工工日以综合工日表示,包括基本用工和其他用工。

2. 基价中的定额综合工日单价采用2011年市场调查综合取定。其中:建筑工程75元/工日,安装工程80元/工日,包括基本工资、辅助工资和工资性津贴等。

九、材料消耗量的确定:

1. 本定额中的材料消耗量包括直接消耗在建筑安装工作内容中的主要材料、辅助材料和零星材料等，并计入了相应损耗。其内容和范围包括：从工地仓库、现场集中堆放地点或现场加工地点到操作或安装地点的运输损耗、施工操作损耗、施工现场堆放损耗。

2. 凡定额中未注明单价的材料均为主材，本定额基价中不包括其价格，应按"（）"内所列的用量，向材料供应商询价、招标采购或按经建设单位批准认可的工程所在地的市场价格进行采购，计算工程招投标书中的材料价格。

3. 本定额基价的材料单价是采用《冶金工业建设工程预算定额》（2012 年版）第十三册《材料预算价格》取定的，不足部分予以补充。

4. 用量少、对定额基价影响很小的零星材料合并为其他材料费，按占定额基价中材料费的百分比计算，以"元"表示，其费用已计入材料费内。具体占材料费的百分数，详见各册说明。

5. 施工措施性消耗部分，周转性材料按不同施工方法、不同材质分别列出一次使用量和一次摊销量。

6. 主要材料损耗率见各册附录。

十、施工机械台班消耗量的确定：

1. 本定额的机械台班消耗量是按正常合理的机械配备和冶金施工企业的机械化装备程度综合取定的。

2. 凡单位价值在 2000 元以内、使用年限在两年以内的不构成固定资产的工具、用具等未进入定额，已在建筑安装工程费用定额中考虑。

3.本定额基价中的施工机械使用费是采用《冶金工业建设工程预算定额》(2012年版)第十二册《冶金施工机械台班费用定额》中的台班单价计算的。其中允许在公路上行走的机械,需要交纳车船使用税的机型,机械台班使用费单价中已包括车船使用税、保险费、年检费等其他费用。

4.零星小型机械对定额影响不大的,合并为其他机械费,按占机械使用费的百分比计算,以"元"表示,其费用已计入机械使用费内。具体占机械费的百分数,详见各册说明。

十一、施工仪器仪表台班消耗量的确定:

1.本定额的施工仪器仪表消耗量是按冶金施工企业的现场校验仪器仪表配备情况综合取定的,实际与定额不符时,除各章另有说明外,均不作调整。

2.凡单位价值在2000元以内、使用年限在两年以内的不构成固定资产的施工仪器仪表等未进入定额,已在建筑安装工程费用定额中考虑。

3.施工仪器仪表台班单价,是按2000年建设部颁发的《全国统一安装工程施工仪器仪表台班费用定额》计算的。

十二、关于水平和垂直运输:

1.设备:包括自安装现场指定堆放地点运至安装地点的水平和垂直运输。

2.材料、成品、半成品:包括自施工单位现场仓库或现场指定堆放地点运至建筑安装地点的水平和垂直运输。

3.垂直运输基准面:室内以室内地平面为基准面,室外以安装现场地平面为基准面。

十三、本定额适用于海拔高程 2000m 以下、地震烈度七度以下的地区,超过上述情况时,可结合具体情况,由建设单位与施工单位在合同中约定。

十四、本定额中注有"XXX 以内"或"XXX 以下"者均包括 XXX 本身,"XXX 以外"或"XXX 以上"者均不包括 XXX 本身。

十五、本说明未尽事宜,详见各册和各章、节的说明。

目　　录

第十四章　无损探伤检验

附　　录

册 说 明

一、《冶金工业建设工程预算定额》(2012年版)第六册《金属结构件制作与安装工程》是根据冶金工业建设工程定额总站确定的原则,在2001年版第六册《金属结构件制作与安装工程》预算定额的基础上,结合冶金建设工程的实际情况,同时选用了适合冶金建设工程的常用的有关预算定额汇编而成。本定额是编制冶金建筑安装工程施工图预算、招标工程编制标底(或招标控制价)和建筑企业进行投标报价的基础,也是编制冶金工业建设概算定额(指标)的基础。

二、本册定额适用于冶金工厂的生产车间和与之配套的辅助车间,附属生产设施的新建、扩建工程(包括技术改造)。

三、本册具体适用范围:

1.冶金工艺金属结构、厂房金属结构的制作。

2.冶金工艺金属结构、厂房金属结构的安装。

3.冶金工艺金属结构、厂房金属结构的运输。

4.冶金工艺金属结构、厂房金属结构的无损探伤检验。

四、本册定额是以国家和有关工业部门发布的现行施工及验收规范、技术操作规程、质量评定标准和安全操作规程为依据编制的。

1.《钢结构工程施工质量验收规范》(GB50205—2001)。

2.《钢结构制作安装施工规程》现行规范。

3.《钢制焊接常压设备技术条件》(JB2885—82)。

4.《金属焊接结构湿式气柜施工及验收规范》(HGJ205—83)。

5.《钢制球形储罐》(GB12337—90)。

6.《球形储罐工程施工工艺标准》(SHJ512—90)。

7.《球形储罐施工及验收规范》(GB50094—98)。

8.《炼铁机械设备工程安装验收规范》(GB50372—2006)。

9.《焦化机械设备工程安装验收规范》(GB50390—2006)。

10.《轧机机械设备工程安装验收规范》(GB50386—2006)。

11.《烧结机械设备工程安装验收规范》(GB50402—2007)。

五、本册定额是按冶金大多数施工企业采用的施工方法、机械化装备程度和合理的劳动组织进行编制的,除另有具体说明外,均不因上述因素有差异而对本定额进行调整或换算。

六、本册定额是在下列正常的施工条件下进行编制的:

1.材料、成品、半成品、构件完整无损,符合质量标准和设计要求,附有合格证书和试验记录。

2.安装工程和土建工程之间的交叉正常。

3.正常的气候、地理条件和施工环境。

七、关于人工工日消耗量的确定:

1.本册定额中的人工包括基本用工和其他用工,基本用工指为完成定额项目内容的用工,其他用工指基本用工未包括的零星工序所需用工,不分列工种和级别均以综合工日表示。

2.“综合工日”的工日单价采用制作人工单价75元/工日,安装人工单价80元/工日。工日单价中包括基本工资和工资性津贴等。

八、关于材料消耗量的确定:

1. 定额中材料消耗量包括直接消耗在制作、安装工作内容中的主要材料、辅助材料、零星材料,并计入相应损耗;包括从工地仓库、现场集中堆放点或现场加工点到安装地点的运输损耗、施工操作损耗、现场堆放损耗。

2. 本定额的主要钢材消耗量是按轧钢厂常规定尺所确定的(特殊注明的除外)。

3. 本定额材料单价均采用统一编制的《冶金工业建设工程预算定额》第十三册《材料预算价格》取定。

4. 用量很少,对定额影响很小的零星材料都合并为其他材料费,以"元"表示计入基价。

九、施工机械台班消耗量的确定:

1. 本定额中的施工机械类型、规格、台班是按正常、合理的机械配备综合取定的,实际与定额不一致时,除章节另有说明外,均不作调整。但构件规格、构件重量、高度超过本定额中的机械加工、吊装能力时,可根据批准的施工组织设计另行调整。

2. 施工机械台班价格系按《冶金工业建设工程预算定额》第十二册《冶金施工机械台班费用定额》取定的。

十、脚手架搭拆费:可参照下列系数计算,其中人工费占25%。

1. 球罐、气柜按安装人工费的10%;

2. 容器按安装人工费的5%;

3. 工艺金属结构按安装人工费的5%。

十一、安装与生产同时进行增加的费用,可按人工费的10%计算。

十二、在有害身体健康的环境中施工增加的费用,可按人工费的10%计算。

十三、预、组装用螺栓已包含在定额内。安装如用普通螺栓、高强螺栓等连接材料,按设计用量及下表规定的损耗率计算,计入定额直接费内(螺栓安装用的人工已包含在定额中,不另计算。焊条及焊机作相应核减）。

材料名称	单位	损耗率(%)	材料名称	单位	损耗率(%)
粗制带帽螺栓	套	4	铆钉	个	8
精制带帽螺栓	套	1	高强螺栓	套	2
精制带帽螺栓	套	1.5			

十四、拆除工程中,凡拆除后构件不再利用的,其费用按安装定额相应子目基价的40%计算;如构件尚需利用,其费用则按安装定额相应子目基价的60%计算。

十五、本册定额的工作内容除各章节已说明的工序外,还包括工种间交叉配合的停歇时间,临时移动水、电源,配合质量检查和施工地点范围内的材料、成品、半成品、构件、工器具的运输等。

十六、凡本册说明未尽的,以各章节和附注为准。

上篇　冶金金属结构件制作

说　　明

一、本工作内容除注明者外，均包括工厂（金属结构厂）内的材料运输、放样、号料、切割、平板、调直组对、焊接、钻孔、成品校正、编号、成品堆放等工序。

二、本册定额中构件不包含刷油，除锈按手工除金属表面浮锈考虑。刷油可套用《冶金工业建设工程预算定额》（2012 年版）第八册相应子目。

三、本册定额未包括施工详图设计费，若发生施工详图设计费，按构件制作费用的 1% 计算，只计取税金。

工程量计算规则

本册定额构件工程量除高炉外壳、热风炉外壳、热风围管、球罐和容器按构件施工图净重计算外，其余均按施工详图净重计算。

第一章　冶金炉结构制作

说　　明

一、各类金属构件制作,均按施工详图净重计算工程量。

二、高炉结构的外壳、斜桥、热风炉、热风围管及炉顶框架等制作均已包括了预装或试拼装工作。

三、料仓漏斗梁是指料仓上部实腹式焊接梁;料仓内衬是指漏斗的钢轨内衬。

四、焦炉结构部分仅包括焦炉专用构件项目,其他构件可套用《冶金工业建设工程预算定额》(2012 年版)第三册《机械设备安装工程》预算定额的有关子目。

五、轧钢加热炉结构包括了 28m 环形加热炉的底板、外环柱、水封刀、水封槽以及圈梁、拉杆的单体预装工作。

六、轧钢加热炉结构仅包括炉体部分,炉体附属结构应套用有关定额子目。

七、高炉外壳、热风炉外壳制作的特殊胎具、运输架、吊耳、吊具等按施工组织设计另计费用。

八、炉壳框架是按箱形柱编制的,如柱形式为管形,则人工、辅材、机械的费用另计。

九、高炉卡具指高炉外壳、热风炉外壳组对时用的卡具。

一、高炉制作

工作内容:材料运输、放样、号料、切割、平板、调直、组对、焊接、钻孔、成品校正、编号等工序。 单位:t

定额编号			6-1-1	6-1-2	6-1-3	6-1-4	6-1-5
项 目			高炉外壳				
			高炉容积(m³)				
			500 以内	1033 以内	2586 以内	4063 以内	4063 以上
基 价 (元)			**6966.66**	**7007.33**	**6945.99**	**6895.12**	**6888.27**
其中	人 工 费 (元)		1397.40	1249.80	1026.60	860.40	720.75
	材 料 费 (元)		4676.20	4769.59	4793.27	4817.01	4845.32
	机 械 费 (元)		893.06	987.94	1126.12	1217.71	1322.20
名 称	单位	单价(元)	数		量		
人工 综合工日	工日	75.00	18.632	16.664	13.688	11.472	9.610
材料 钢板综合	kg	3.75	1200.000	1200.000	1200.000	1200.000	1200.000
电焊条 结422 φ2.5	kg	5.04	5.800	8.100	7.000	7.500	8.036
螺栓	kg	8.90	1.500	1.500	1.500	1.500	1.500
氧气	m³	3.60	9.900	16.700	19.140	20.900	22.820

单位:t

定　额　编　号			6-1-1	6-1-2	6-1-3	6-1-4	6-1-5
项　　　　　目			高炉外壳				
			高炉容积（m^3）				
			500 以内	1033 以内	2586 以内	4063 以内	4063 以上
材料	乙炔气	m^3　25.20	3.300	5.570	6.380	6.970	7.710
	其他材料费	元　－	14.820	14.930	14.960	14.980	15.020
机械	电动单梁式起重机 10t	台班　356.89	0.464	0.464	0.464	0.464	0.464
	龙门式起重机 20t	台班　672.97	0.023	0.023	0.023	0.023	0.023
	平板拖车组 20t	台班　1264.92	0.116	0.116	0.116	0.116	0.116
	电动空气压缩机 10m³/min	台班　519.44	0.058	0.058	0.058	0.058	0.058
	剪板机 40mm×3100mm	台班　775.86	0.035	0.036	0.035	0.035	0.035
	多辊板料校平机 10mm×2000mm	台班　1240.71	0.023	0.023	0.023	0.023	0.023
	刨边机 12000mm	台班　777.63	0.159	0.171	0.348	0.406	0.474
	卷板机 40mm×4000mm	台班　1159.29	0.249	0.302	0.313	0.348	0.387
	电焊机综合	台班　100.64	0.580	0.812	0.696	0.754	0.817
	其他机械费	元　－	8.760	8.740	8.980	9.050	9.110

工作内容：同前

单位：t

定 额 编 号				6-1-6	6-1-7	6-1-8	6-1-9
项 目				炉体支柱			
				高炉容积（m³）			
				500 以内	1033 以内	2586 以内	
基 价 （元）				**5660.76**	**5810.35**	**5934.51**	**5910.51**
其中	人 工 费 （元）			744.60	618.00	594.60	570.60
	材 料 费 （元）			4214.05	4382.45	4427.47	4427.47
	机 械 费 （元）			702.11	809.90	912.44	912.44
名 称		单位	单价（元）	数			量
人工	综合工日	工日	75.00	9.928	8.240	7.928	7.608
材料	钢板综合	kg	3.75	958.000	978.000	978.000	978.000
	型钢综合	kg	4.00	102.000	102.000	102.000	102.000
	电焊条 结 422 φ2.5	kg	5.04	23.000	27.000	29.000	29.000
	螺栓	kg	8.90	1.200	1.200	1.200	1.200
	氧气	m³	3.60	6.000	12.100	15.000	15.000
	乙炔气	m³	25.20	2.000	4.030	5.000	5.000

单位:t

定 额 编 号			6-1-6	6-1-7	6-1-8	6-1-9
项 目			炉体支柱			
			高炉容积(m³)			
			500 以内	1033 以内	2586 以内	
材料 其他材料费	元	–	14.950	15.070	15.130	15.130
机 电动单梁式起重机 10t	台班	356.89	0.200	0.200	0.200	0.200
龙门式起重机 20t	台班	672.97	0.010	0.010	0.010	0.010
平板拖车组 20t	台班	1264.92	0.100	0.100	0.100	0.100
电动空气压缩机 10m³/min	台班	519.44	0.050	0.050	0.050	0.050
型钢剪断机 500mm	台班	238.96	0.009	0.015	0.020	0.020
剪板机 40mm×3100mm	台班	775.86	0.033	0.048	0.040	0.040
型钢矫正机	台班	131.92	0.013	0.025	0.030	0.030
多辊板料校平机 10mm×2000mm	台班	1240.71	0.043	0.048	0.050	0.050
刨边机 12000mm	台班	777.63	0.150	0.210	0.300	0.300
摇臂钻床 φ50mm	台班	157.38	0.210	0.210	0.300	0.300
械 电焊机综合	台班	100.64	2.300	2.700	2.900	2.900
其他机械费	元	–	7.550	7.570	7.700	7.700

工作内容:同前

单位:t

定 额 编 号			6-1-10	6-1-11	6-1-12	6-1-13	6-1-14
项 目			炉壳框架				
			高炉容积(m³)				
			500 以内	1033 以内	2586 以内	4063 以内	4063 以上
基 价 (元)			**6302.19**	**6411.34**	**6307.40**	**6372.10**	**6442.99**
其中	人 工 费 (元)		870.00	921.75	844.50	845.25	846.00
	材 料 费 (元)		4429.33	4461.12	4465.00	4501.76	4542.75
	机 械 费 (元)		1002.86	1028.47	997.90	1025.09	1054.24
名 称	单位	单价(元)	数		量		
人工 综合工日	工日	75.00	11.600	12.290	11.260	11.270	11.280
材料 钢板综合	kg	3.75	1024.000	1026.000	970.000	972.000	974.000
型钢综合	kg	4.00	56.000	54.000	110.000	108.000	106.000
电焊条 结 422 φ2.5	kg	5.04	38.000	40.500	37.000	39.500	42.200
螺栓	kg	8.90	1.300	1.300	1.300	1.300	1.300
氧气	m³	3.60	11.300	12.900	13.600	15.600	17.900
乙炔气	m³	25.20	3.770	4.300	4.530	5.200	5.970
炭精棒 8~12	根	1.50	8.200	8.600	8.000	8.400	8.500
其他材料费	元	—	14.260	14.230	14.330	14.310	14.360

单位:t

定 额 编 号			6-1-10	6-1-11	6-1-12	6-1-13	6-1-14
项 目			炉壳框架				
			高炉容积(m³)				
			500 以内	1033 以内	2586 以内	4063 以内	4063 以上
机 械	电动单梁式起重机 10t	台班	356.89	0.262	0.262	0.262	0.262	0.262
	龙门式起重机 20t	台班	672.97	0.052	0.052	0.052	0.052	0.052
	平板拖车组 20t	台班	1264.92	0.121	0.121	0.121	0.121	0.121
	电动空气压缩机 10m³/min	台班	519.44	0.105	0.105	0.105	0.105	0.105
	型钢剪断机 500mm	台班	238.96	0.006	0.006	0.010	0.010	0.010
	剪板机 40mm×3100mm	台班	775.86	0.092	0.092	0.086	0.086	0.086
	型钢矫正机	台班	131.92	0.010	0.009	0.015	0.015	0.015
	多辊板料校平机 10mm×2000mm	台班	1240.71	0.048	0.048	0.048	0.048	0.048
	刨边机 12000mm	台班	777.63	0.072	0.072	0.072	0.072	0.072
	卷板机 40mm×4000mm	台班	1159.29	0.033	0.033	0.033	0.033	0.033
	摇臂钻床 φ50mm	台班	157.38	0.025	0.025	0.025	0.025	0.025
	电焊机综合	台班	100.64	3.850	4.050	3.750	3.950	4.160
	半自动切割机 100mm	台班	96.23	0.419	0.478	0.504	0.578	0.662
	其他机械费	元	—	7.110	7.050	7.080	7.020	6.950

工作内容:同前

定　额　编　号				6-1-15	6-1-16	6-1-17	6-1-18	6-1-19
项　　目				热风围管				
				高炉容积(m³)				
				500 以内	1033 以内	2586 以内	4063 以内	4063 以上
基　　价　(元)				**7047.64**	**7025.80**	**7047.94**	**7023.98**	**7000.03**
其中	人　工　费　(元)			1436.40	1298.40	1320.60	1313.40	1305.75
	材　料　费　(元)			4739.76	4757.79	4808.54	4802.92	4797.56
	机　械　费　(元)			871.48	969.61	918.80	907.66	896.72
	名　　称	单位	单价(元)	数		量		
人工	综合工日	工日	75.00	19.152	17.312	17.608	17.512	17.410
材料	钢板综合	kg	3.75	1180.000	1180.000	1180.000	1180.000	1180.000
	电焊条 结422 φ2.5	kg	5.04	29.970	33.300	33.300	32.190	31.120
	螺栓	kg	8.90	1.440	1.440	1.440	1.440	1.440
	氧气	m³	3.60	11.210	11.320	15.540	15.540	15.540
	乙炔气	m³	25.20	3.740	3.770	5.180	5.180	5.180

续前

定 额 编 号			6-1-15	6-1-16	6-1-17	6-1-18	6-1-19
项 目			热风围管				
			高炉容积(m³)				
			500 以内	1033 以内	2586 以内	4063 以内	4063 以上
材料	炭精棒 8~12	根	1.50	1.000	1.000	1.000	1.000	1.000
	其他材料费	元	–	14.790	14.890	14.910	14.890	14.920
机械	电动单梁式起重机 10t	台班	356.89	0.520	0.520	0.450	0.450	0.450
	龙门式起重机 20t	台班	672.97	0.022	0.022	0.022	0.022	0.022
	平板拖车组 20t	台班	1264.92	0.110	0.110	0.110	0.110	0.110
	电动空气压缩机 10m³/min	台班	519.44	0.056	0.056	0.056	0.056	0.056
	剪板机 40mm×3100mm	台班	775.86	0.011	0.011	0.022	0.022	0.022
	多辊板料校平机 10mm×2000mm	台班	1240.71	0.022	0.022	0.022	0.022	0.022
	刨边机 12000mm	台班	777.63	0.029	0.030	0.044	0.044	0.044
	卷板机 40mm×4000mm	台班	1159.29	0.117	0.172	0.133	0.133	0.133
	电焊机综合	台班	100.64	2.997	3.330	3.330	3.219	3.110
	其他机械费	元	–	7.230	7.300	7.270	7.300	7.330

工作内容:同前

单位:t

定　额　编　号				6-1-20	6-1-21	6-1-22	6-1-23	6-1-24
项　　　　　目				炉顶框架				
				高炉容积(m³)				
				500 以内	1033 以内	2586 以内	4063 以内	4063 以上
基　　　价　　（元）				**5639.14**	**5786.09**	**5725.36**	**5797.76**	**5866.70**
其中	人　工　费（元）			793.20	883.80	755.40	754.80	753.75
	材　料　费（元）			4231.44	4260.40	4368.28	4413.76	4463.68
	机　械　费（元）			614.50	641.89	601.68	629.20	649.27
名　　　称		单位	单价（元）	数		量		
人工	综合工日	工日	75.00	10.576	11.784	10.072	10.064	10.050
材料	钢板综合	kg	3.75	1006.000	1008.000	599.000	554.000	510.000
	型钢综合	kg	4.00	54.000	52.000	461.000	506.000	550.000
	螺栓	kg	8.90	1.300	1.300	1.300	1.300	1.300
	电焊条 结 422 φ2.5	kg	5.04	27.000	29.000	26.000	28.000	30.000
	氧气	m³	3.60	6.700	8.300	10.000	12.000	14.400
	乙炔气	m³	25.20	2.230	2.770	3.330	4.000	4.800

单位:t

定 额 编 号			6-1-20	6-1-21	6-1-22	6-1-23	6-1-24
项 目			炉顶框架				
			高炉容积(m³)				
			500 以内	1033 以内	2586 以内	4063 以内	4063 以上
材料	其他材料费	元	－	14.970	14.990	15.500	15.570	15.610
机	电动单梁式起重机 10t	台班	356.89	0.240	0.240	0.240	0.240	0.240
	龙门式起重机 20t	台班	672.97	0.010	0.010	0.010	0.010	0.010
	平板拖车组 20t	台班	1264.92	0.100	0.100	0.100	0.100	0.100
	电动空气压缩机 10m³/min	台班	519.44	0.050	0.050	0.050	0.050	0.050
	型钢剪断机 500mm	台班	238.96	0.006	0.006	0.010	0.010	0.010
	剪板机 40mm×3100mm	台班	775.86	0.056	0.056	0.050	0.050	0.050
	型钢矫正机	台班	131.92	0.013	0.012	0.020	0.020	0.020
	多辊板料校平机 10mm×2000mm	台班	1240.71	0.020	0.026	0.020	0.026	0.026
	刨边机 12000mm	台班	777.63	0.020	0.020	0.020	0.020	0.020
	摇臂钻床 φ50mm	台班	157.38	0.025	0.025	0.025	0.025	0.025
械	电焊机综合	台班	100.64	2.700	2.900	2.600	2.800	3.000
	其他机械费	元	－	7.030	6.980	7.050	6.990	6.940

工作内容:同前

定　额　编　号			6-1-25	6-1-26	6-1-27	6-1-28	6-1-29
项　　　　　目			上升下降管				
			高炉容积(m³)				
			500 以内	1033 以内	2586 以内	4063 以内	4063 以上
基　　　价　(元)			**6038.34**	**6116.08**	**6174.89**	**6127.58**	**6084.47**
其中	人　工　费　(元)		913.20	916.20	915.60	853.20	795.00
	材　料　费　(元)		4362.16	4404.38	4459.01	4464.07	4469.12
	机　械　费　(元)		762.98	795.50	800.28	810.31	820.35
名　　称	单位	单价(元)	数		量		
人工 综合工日	工日	75.00	12.176	12.216	12.208	11.376	10.600
材料 钢板综合	kg	3.75	1060.000	1060.000	1060.000	1060.000	1060.000
电焊条 结 422 φ2.5	kg	5.04	25.000	26.000	26.000	27.000	28.000
螺栓	kg	8.90	1.200	1.200	1.200	1.200	1.200
氧气	m³	3.60	5.000	8.100	10.000	10.000	10.000
乙炔气	m³	25.20	1.670	2.700	3.330	3.330	3.330
焦炭	kg	1.50	110.000	110.000	130.000	130.000	130.000

定 额 编 号			6-1-25	6-1-26	6-1-27	6-1-28	6-1-29
项　　　　目			上升下降管				
			高炉容积(m³)				
			500 以内	1033 以内	2586 以内	4063 以内	4063 以上
材料	木柴	kg	0.95	11.000	11.000	13.000	13.000	13.000
	其他材料费	元	－	14.950	15.010	15.020	15.040	15.050
机械	电动单梁式起重机 10t	台班	356.89	0.200	0.200	0.200	0.200	0.200
	龙门式起重机 20t	台班	672.97	0.010	0.010	0.010	0.010	0.010
	平板拖车组 20t	台班	1264.92	0.100	0.100	0.100	0.100	0.100
	电动空气压缩机 10m³/min	台班	519.44	0.050	0.050	0.050	0.050	0.050
	剪板机 40mm×3100mm	台班	775.86	0.039	0.058	0.060	0.060	0.060
	多辊板料校平机 10mm×2000mm	台班	1240.71	0.028	0.028	0.030	0.030	0.030
	刨边机 12000mm	台班	777.63	0.053	0.045	0.040	0.040	0.040
	卷板机 40mm×4000mm	台班	1159.29	0.144	0.156	0.160	0.160	0.160
	电焊机综合	台班	100.64	2.500	2.600	2.600	2.700	2.800
	其他机械费	元	－	7.660	7.680	7.680	7.650	7.620

定　额　编　号			6-1-30	6-1-31	6-1-32	6-1-33
项　　　　　目			防水箱及防溅水板			
			高炉容积(m³)			
			500 以内	1033 以内	2586 以内	2586 以上
基　　　　价　（元）			**5451.79**	**5219.54**	**5297.54**	**5274.06**
其中	人　工　费　（元）		856.80	624.00	624.60	597.60
	材　料　费　（元）		4085.58	4110.55	4171.66	4175.18
	机　械　费　（元）		509.41	484.99	501.28	501.28
名　　称	单位	单价(元)	数		量	
人工	综合工日	工日	75.00	11.424	8.320	8.328	7.968
材料	钢板综合	kg	3.75	1040.000	900.000	858.000	844.000
	型钢综合	kg	4.00	20.000	158.000	202.000	216.000
	电焊条 结 422 φ2.5	kg	5.04	9.000	10.000	12.000	12.000
	螺栓	kg	8.90	1.200	1.200	1.200	1.200
	氧气	m³	3.60	2.900	2.300	5.000	5.000
	乙炔气	m³	25.20	0.970	0.770	1.670	1.670

定　额　编　号			6-1-30	6-1-31	6-1-32	6-1-33
项　　　　　　目			防水箱及防溅水板			
			高炉容积(m³)			
			500 以内	1033 以内	2586 以内	2586 以上
材料	其他材料费	元	−	14.660	14.790	14.920	14.940
机械	电动单梁式起重机 10t	台班	356.89	0.200	0.200	0.200	0.200
	龙门式起重机 20t	台班	672.97	0.010	0.010	0.010	0.010
	平板拖车组 20t	台班	1264.92	0.100	0.100	0.100	0.100
	电动空气压缩机 10m³/min	台班	519.44	0.050	0.050	0.050	0.050
	型钢剪断机 500mm	台班	238.96	0.001	0.016	0.020	0.020
	剪板机 40mm×3100mm	台班	775.86	0.057	0.050	0.040	0.040
	型钢矫正机	台班	131.92	−	0.040	0.040	0.040
	多辊板料校平机 10mm×2000mm	台班	1240.71	0.047	0.040	0.040	0.040
	刨边机 12000mm	台班	777.63	0.049	0.045	0.050	0.050
	摇臂钻床 φ50mm	台班	157.38	0.250	0.085	0.080	0.080
	电焊机综合	台班	100.64	0.900	1.000	1.200	1.200
	其他机械费	元	−	8.040	7.890	7.750	7.750

工作内容:同前

定　额　编　号			6-1-34	6-1-35	6-1-36	6-1-37
项　　　　目			高炉螺旋梯子	扇形平台梯子	炉底冷却箱	
					高炉容积(m³)	
					1000 以内	1000 以上
基　　价　(元)			**5965.39**	**6242.76**	**6230.04**	**6704.86**
其中	人　工　费　(元)		1167.60	1360.80	521.40	525.38
	材　料　费　(元)		4212.53	4152.35	5119.52	5613.47
	机　械　费　(元)		585.26	729.61	589.12	566.01
名　　　　称	单位	单价(元)	数		量	
人工 综合工日	工日	75.00	15.568	18.144	6.952	7.005
材料 钢板综合	kg	3.75	881.000	934.000	550.000	373.000
型钢综合	kg	4.00	175.000	111.000	10.000	12.000
无缝钢管综合	kg	5.80	–	–	484.000	675.000
电焊条 结 422 φ2.5	kg	5.04	24.000	27.000	21.000	23.000
螺栓	kg	8.90	1.200	1.200	1.200	1.200
氧气	m³	3.60	5.200	3.700	6.400	9.000
乙炔气	m³	25.20	1.730	1.230	2.130	3.000

定 额 编 号			6-1-34	6-1-35	6-1-36	6-1-37
项 目			高炉螺旋梯子	扇形平台梯子	炉底冷却箱	
					高炉容积(m³)	
					1000 以内	1000 以上
材料	其他材料费	元	–	14.820	14.770	16.580	17.120
机	电动单梁式起重机 10t	台班	356.89	0.200	0.200	0.200	0.133
	龙门式起重机 20t	台班	672.97	0.010	0.010	0.010	0.010
	平板拖车组 20t	台班	1264.92	0.100	0.100	0.100	0.100
	电动空气压缩机 10m³/min	台班	519.44	0.050	0.050	0.050	0.050
	型钢剪断机 500mm	台班	238.96	0.018	0.011	0.008	0.006
	剪板机 40mm×3100mm	台班	775.86	0.050	0.105	0.030	0.030
	型钢矫正机	台班	131.92	0.044	0.028	0.123	0.010
	多辊板料校平机 10mm×2000mm	台班	1240.71	0.041	0.021	0.025	0.020
	刨边机 12000mm	台班	777.63	–	0.025	0.027	0.030
	卷板机 40mm×4000mm	台班	1159.29	–	–	0.040	0.040
械	摇臂钻床 φ50mm	台班	157.38	0.040	0.550	–	–
	电焊机综合	台班	100.64	2.400	2.700	2.100	2.300
	其他机械费	元	–	7.090	7.470	7.410	7.330

工作内容:同前

单位:t

定 额 编 号				6-1-38	6-1-39	6-1-40	6-1-41
项　　　目				斜桥			
				高炉容积(m³)			
				500 以内	1033 以内	2586 以内	2586 以上
基　　价　　(元)				**5866.55**	**5971.11**	**5994.61**	**5951.87**
其中	人　工　费　(元)			1029.00	1091.40	1036.20	1009.80
	材　料　费　(元)			4269.86	4293.86	4456.99	4450.67
	机　械　费　(元)			567.69	585.85	501.42	491.40
名　　　称		单位	单价(元)	数		量	
人工	综合工日	工日	75.00	13.720	14.552	13.816	13.464
材料	钢板综合	kg	3.75	332.000	564.000	105.000	110.000
	型钢综合	kg	4.00	709.000	489.000	955.000	950.000
	电焊条 结422 φ2.5	kg	5.04	19.000	21.000	19.000	18.000
	螺栓	kg	8.90	1.300	1.300	1.300	1.300
	氧气	m³	3.60	5.500	7.500	10.000	10.000
	乙炔气	m³	25.20	1.830	2.500	3.330	3.330

定 额 编 号			6-1-38	6-1-39	6-1-40	6-1-41
项 目			斜桥			
			高炉容积(m³)			
			500 以内	1033 以内	2586 以内	2586 以上
材料	其他材料费	元	–	15.610	15.450	15.990	15.960
机 械	电动单梁式起重机 10t	台班	356.89	0.240	0.240	0.270	0.270
	龙门式起重机 20t	台班	672.97	0.010	0.010	0.010	0.010
	平板拖车组 20t	台班	1264.92	0.100	0.100	0.100	0.100
	电动空气压缩机 10m³/min	台班	519.44	0.050	0.050	0.050	0.050
	型钢剪断机 500mm	台班	238.96	0.043	0.049	0.050	0.050
	剪板机 40mm×3100mm	台班	775.86	0.018	0.036	0.010	0.010
	型钢矫正机	台班	131.92	0.117	0.118	0.010	0.010
	多辊板料校平机 10mm×2000mm	台班	1240.71	0.050	0.029	0.010	0.010
	刨边机 12000mm	台班	777.63	0.019	0.033	0.010	0.010
	摇臂钻床 φ50mm	台班	157.38	0.050	0.035	0.040	0.040
	电焊机综合	台班	100.64	1.900	2.100	1.900	1.800
	其他机械费	元	–	7.270	7.300	7.150	7.190

工作内容:同前

定 额 编 号				6-1-42	6-1-43	6-1-44
项 目				料仓漏斗梁	料仓内衬	高炉卡具
基 价 (元)				**5588.12**	**6474.86**	**6764.54**
其 中	人 工 费 (元)			747.00	478.50	1293.60
	材 料 费 (元)			4169.33	5651.36	5036.95
	机 械 费 (元)			671.79	345.00	433.99
名 称		单位	单价(元)	数		量
人工	综合工日	工日	75.00	9.960	6.380	17.248
材 料	钢板综合	kg	3.75	1050.000	–	127.000
	型钢综合	kg	4.00	–	1050.000	667.000
	光圆钢筋 φ15~24	kg	3.90	–	–	244.000
	电焊条 结422 φ2.5	kg	5.04	25.000	3.000	6.000
	螺栓	kg	8.90	1.200	1.200	1.200
	氧气	m³	3.60	6.700	6.600	4.400
	乙炔气	m³	25.20	2.230	2.200	1.470
	焦炭	kg	1.50	–	834.000	521.000

定 额 编 号			6-1-42	6-1-43	6-1-44
项 目			料仓漏斗梁	料仓内衬	高炉卡具
材料	木柴	kg	0.95	–	83.000	52.000
	其他材料费	元	–	14.830	16.510	16.400
机械	电动单梁式起重机 10t	台班	356.89	0.200	0.200	0.200
	龙门式起重机 20t	台班	672.97	0.010	0.010	0.010
	平板拖车组 20t	台班	1264.92	0.100	0.100	0.100
	电动空气压缩机 10m³/min	台班	519.44	0.050	0.050	0.050
	型钢剪断机 500mm	台班	238.96	–	–	0.094
	剪板机 40mm×3100mm	台班	775.86	0.057	–	0.045
	型钢矫正机	台班	131.92	–	0.263	0.228
	多辊板料校平机 10mm×2000mm	台班	1240.71	0.047	–	0.005
	刨边机 12000mm	台班	777.63	0.052	–	–
	摇臂钻床 φ50mm	台班	157.38	0.250	0.260	0.260
	电焊机综合	台班	100.64	2.500	0.300	0.600
	其他机械费	元	–	7.300	8.620	8.460

工作内容:同前

定　额　编　号			6-1-45	6-1-46	6-1-47	6-1-48	6-1-49
项　　　　目			热风炉				
			高炉容积(m³)				
			500 以内	1033 以内	2586 以内	4063 以内	4063 以上
基　　　价　(元)			**6590.48**	**6677.98**	**6797.07**	**6788.19**	**6785.92**
其中	人　工　费　(元)		1248.00	1250.40	1156.20	1119.60	1084.20
	材　料　费　(元)		4625.60	4642.21	4729.89	4757.61	4790.74
	机　械　费　(元)		716.88	785.37	910.98	910.98	910.98
名　　　称	单位	单价(元)	数		量		
人工 综合工日	工日	75.00	16.640	16.672	15.416	14.928	14.456
材料 钢板综合	kg	3.75	1150.000	1150.000	1150.000	1150.000	1150.000
电焊条 结 422 φ2.5	kg	5.04	6.900	6.900	8.100	8.100	8.100
螺栓	kg	8.90	1.500	1.500	1.500	1.500	1.500
氧气	m³	3.60	5.980	7.360	11.500	13.800	16.560
乙炔气	m³	25.20	1.990	2.450	3.830	4.600	5.520
焦炭	kg	1.50	112.000	112.000	132.000	132.000	132.000

定 额 编 号			6-1-45	6-1-46	6-1-47	6-1-48	6-1-49
项 目			热风炉				
			高炉容积(m³)				
			500 以内	1033 以内	2586 以内	4063 以内	4063 以上
材 料	木柴	kg	0.95	11.000	11.000	13.000	13.000	13.000
	其他材料费	元	–	14.850	14.900	14.950	14.990	15.000
机 械	电动单梁式起重机 10t	台班	356.89	0.276	0.276	0.306	0.306	0.306
	龙门式起重机 20t	台班	672.97	0.023	0.023	0.023	0.023	0.023
	平板拖车组 20t	台班	1264.92	0.115	0.115	0.115	0.115	0.115
	电动空气压缩机 10m³/min	台班	519.44	0.058	0.058	0.058	0.058	0.058
	剪板机 40mm×3100mm	台班	775.86	0.022	0.044	0.046	0.046	0.046
	多辊板料校平机 10mm×2000mm	台班	1240.71	0.032	0.033	0.046	0.046	0.046
	刨边机 12000mm	台班	777.63	0.133	0.178	0.207	0.207	0.207
	卷板机 40mm×4000mm	台班	1159.29	0.163	0.176	0.230	0.230	0.230
	电焊机综合	台班	100.64	0.690	0.690	0.810	0.810	0.810
	其他机械费	元	–	8.700	8.820	8.810	8.810	8.810

二、焦炉制作

工作内容: 材料运输、放样、号料、切割、平板、调直、组对、焊接、钻孔、成品校正、编号等工序。

单位:t

定 额 编 号				6-1-50	6-1-51	6-1-52	6-1-53
项 目				焦炉			
				支柱	拉杆	装煤车轨道梁	挡雨板、挡烟板、喷嘴板、上升管遮热板
基 价 (元)				**5440.46**	**5818.92**	**5148.06**	**5114.12**
其中	人 工 费 (元)			616.65	827.40	455.78	729.00
	材 料 费 (元)			4364.80	4281.06	4158.83	4033.36
	机 械 费 (元)			459.01	710.46	533.45	351.76
名 称		单位	单价(元)	数		量	
人工	综合工日	工日	75.00	8.222	11.032	6.077	9.720
材料	钢板综合	kg	3.75	260.000	860.000	1060.000	1060.000
	型钢综合	kg	4.00	800.000	200.000	–	–
	电焊条 结 422 φ2.5	kg	5.04	13.120	4.000	20.000	4.800
	螺栓	kg	8.90	1.320	1.200	1.200	0.600
	氧气	m³	3.60	8.030	4.600	4.800	1.200
	乙炔气	m³	25.20	2.670	1.530	1.600	0.400
	焦炭	kg	1.50	–	97.000	–	–
	木柴	kg	0.95	–	10.000	–	–

定 额 编 号			6-1-50	6-1-51	6-1-52	6-1-53
项 目			焦炉			
			支柱	拉杆	装煤车轨道梁	挡雨板、挡烟板、喷嘴板、上升管遮热板
材料	其他材料费	元	–	15.740	15.100	14.750	14.430
机械	电动单梁式起重机 10t	台班	356.89	0.220	0.200	0.200	0.200
	龙门式起重机 20t	台班	672.97	0.022	0.010	0.010	0.010
	平板拖车组 20t	台班	1264.92	0.088	0.080	0.080	0.080
	电动空气压缩机 6m³/min	台班	338.45	–	–	0.050	0.050
	电动空气压缩机 10m³/min	台班	519.44	0.055	0.050	–	–
	型钢剪断机 500mm	台班	238.96	0.092	0.089	–	–
	剪板机 40mm×3100mm	台班	775.86	0.017	0.011	0.055	0.106
	型钢矫正机	台班	131.92	0.226	0.170	–	–
	多辊板料校平机 10mm×2000mm	台班	1240.71	0.007	0.005	0.023	–
	刨边机 12000mm	台班	777.63	0.010	0.006	0.084	–
	摇臂钻床 φ50mm	台班	157.38	0.138	0.125	0.120	0.150
	电焊机综合	台班	100.64	1.155	0.350	1.750	0.420
	普通车床 660mm×2000mm	台班	222.66	–	1.700	–	–
	其他机械费	元	–	6.400	8.670	5.690	7.420

三、轧钢加热炉制作

工作内容: 材料运输、放样、号料、切割、平板、调直、组对、焊接、钻孔、成品校正、编号等工序。

单位:t

定 额 编 号				6-1-54	6-1-55	6-1-56	6-1-57
项 目				均热炉	连续加热炉	28m 环形加热炉	
						底板	外环柱
基 价 (元)				5006.52	5150.32	7298.73	5571.28
其中	人 工 费 (元)			443.10	448.88	1530.38	804.30
	材 料 费 (元)			4162.45	4273.29	5229.04	4170.31
	机 械 费 (元)			400.97	428.15	539.31	596.67
名 称		单位	单价(元)	数		量	
人工	综合工日	工日	75.00	5.908	5.985	20.405	10.724
材料	钢板综合	kg	3.75	630.000	320.000	1060.000	1016.000
	型钢综合	kg	4.00	415.000	726.000	–	39.000
	电焊条 结422 ϕ2.5	kg	5.04	11.200	12.800	16.000	20.800
	螺栓	kg	8.90	1.200	1.200	1.300	1.300
	氧气	m³	3.60	4.800	6.600	13.500	6.100
	乙炔气	m³	25.20	1.600	2.200	4.500	2.030
	焦炭	kg	1.50	–	–	617.000	–

续前

定 额 编 号			6-1-54	6-1-55	6-1-56	6-1-57
项 目			均热炉	连续加热炉	28m 环形加热炉	
					底板	外环柱
材料	木柴	kg	0.95	–	–	62.000	–
	其他材料费	元	–	15.220	14.900	15.430	14.790
机械	电动单梁式起重机 10t	台班	356.89	0.200	0.200	0.400	0.330
	龙门式起重机 20t	台班	672.97	0.010	0.010	0.010	0.010
	平板拖车组 20t	台班	1264.92	0.080	0.080	0.080	0.080
	电动空气压缩机 10m³/min	台班	519.44	0.050	0.050	0.050	0.050
	型钢剪断机 500mm	台班	238.96	0.042	0.075	–	0.001
	剪板机 40mm×3100mm	台班	775.86	0.030	0.017	0.039	0.055
	型钢矫正机	台班	131.92	0.103	0.182	–	0.103
	多辊板料校平机 10mm×2000mm	台班	1240.71	0.009	0.007	0.014	0.013
	刨边机 12000mm	台班	777.63	0.032	0.011	0.037	0.074
	摇臂钻床 φ50mm	台班	157.38	0.050	0.200	0.250	0.250
	电焊机综合	台班	100.64	0.980	1.120	1.400	1.820
	其他机械费	元	–	6.250	6.320	6.020	5.910

工作内容:同前

定　额　编　号			6-1-58	6-1-59	6-1-60	6-1-61	6-1-62
项　　　　目			28m 环形加热炉			退火炉	24 室煅烧炉
			水封刀、水封槽	拉杆	圈梁		
基　　　价　（元）			**6805.65**	**6151.66**	**7363.57**	**5346.11**	**5468.88**
其中	人　工　费　（元）		1836.00	1410.75	1382.63	615.08	614.78
	材　料　费　（元）		4289.44	4133.35	5333.66	4288.01	4428.39
	机　械　费　（元）		680.21	607.56	647.28	443.02	425.71
名　　　称	单位	单价（元）	数		量		
人工 综合工日	工日	75.00	24.480	18.810	18.435	8.201	8.197
材料 钢板综合	kg	3.75	1048.000	1044.000	369.000	306.000	28.000
型钢综合	kg	4.00	12.000	–	691.000	740.000	1020.000
电焊条 结 422 φ2.5	kg	5.04	19.200	17.600	16.000	16.800	15.200
螺栓	kg	8.90	1.300	1.300	1.300	1.200	1.300
氧气	m³	3.60	15.700	8.600	8.800	5.800	11.600
乙炔气	m³	25.20	5.230	2.870	2.930	1.930	3.870
焦炭	kg	1.50	–	–	611.000	–	–
木柴	kg	0.95	–	–	61.000	–	–

定　额　编　号			6-1-58	6-1-59	6-1-60	6-1-61	6-1-62
项　　　目			28m 环形加热炉			退火炉	24 室煅烧炉
			水封刀、水封槽	拉杆	圈梁		
材料	其他材料费	元	－	14.790	14.790	13.730	15.640	15.930
机械	电动单梁式起重机 10t	台班	356.89	0.400	0.330	0.400	0.200	0.200
	龙门式起重机 20t	台班	672.97	0.010	0.010	0.010	0.010	0.010
	平板拖车组 20t	台班	1264.92	0.080	0.080	0.080	0.080	0.080
	电动空气压缩机 10m³/min	台班	519.44	0.050	0.050	0.060	0.050	0.050
	型钢剪断机 500mm	台班	238.96	－	0.027	0.072	0.076	0.100
	剪板机 40mm×3100mm	台班	775.86	0.059	0.058	0.058	0.017	0.010
	型钢矫正机	台班	131.92	－	0.032	0.176	0.184	0.200
	多辊板料校平机 10mm×2000mm	台班	1240.71	0.024	0.014	0.009	0.007	0.008
	刨边机 12000mm	台班	777.63	0.037	0.036	0.013	0.011	－
	卷板机 40mm×4000mm	台班	1159.29	0.073	0.040	0.062	－	－
	摇臂钻床 φ50mm	台班	157.38	0.250	0.300	0.250	0.070	0.080
	电焊机综合	台班	100.64	1.680	1.540	1.400	1.470	1.330
	其他机械费	元	－	6.190	6.280	6.620	5.930	6.030

四、其他冶金炉制作

工作内容：材料运输、放样、号料、切割、平板、调直、组对、焊接、钻孔、成品校正、编号等工序。

单位：t

定　额　编　号				6-1-63	6-1-64	6-1-65
项　　　　　目				化铁炉	煤气发生炉	步进式加热炉
基　　价　（元）				**5848.86**	**5856.61**	**6328.52**
其中	人　工　费　（元）			1022.70	965.48	1100.40
	材　料　费　（元）			4327.17	4385.47	4501.86
	机　械　费　（元）			498.99	505.66	726.26
名　　　　称		单位	单价（元）	数		量
人工	综合工日	工日	75.00	13.636	12.873	14.672
材料	钢板综合	kg	3.75	1009.000	1056.000	829.000
	型钢综合	kg	4.00	71.000	44.000	251.000
	电焊条 结422 φ2.5	kg	5.04	16.800	19.200	23.840
	螺栓	kg	8.90	1.200	1.200	1.300
	氧气	m³	3.60	8.600	5.700	15.300
	乙炔气	m³	25.20	2.870	1.900	6.650
	炭精棒 8～12	根	1.50	-	-	14.000
	木柴	kg	0.95	42.000	54.000	-

	定　额　编　号			6-1-63	6-1-64	6-1-65
	项　　目			化铁炉	煤气发生炉	步进式加热炉
材料	焦炭	kg	1.50	4.000	5.000	–
	其他材料费	元	–	14.880	14.820	13.730
机械	电动单梁式起重机 10t	台班	356.89	0.200	0.200	0.560
	龙门式起重机 20t	台班	672.97	0.010	0.010	0.010
	平板拖车组 20t	台班	1264.92	0.080	0.080	–
	电动空气压缩机 10m³/min	台班	519.44	0.050	0.050	0.050
	型钢剪断机 500mm	台班	238.96	0.008	0.011	0.017
	剪板机 40mm×3100mm	台班	775.86	0.026	0.027	0.027
	型钢矫正机	台班	131.92	0.019	0.026	0.024
	多辊板料校平机 10mm×2000mm	台班	1240.71	0.013	0.010	0.011
	刨边机 12000mm	台班	777.63	0.020	0.028	0.025
	卷板机 40mm×4000mm	台班	1159.29	0.038	0.035	–
	摇臂钻床 φ50mm	台班	157.38	0.250	0.150	0.450
	电焊机综合	台班	100.64	1.470	1.680	3.542
	其他机械费	元	–	6.110	5.940	5.150

五、炉壳开孔

工作内容:找标高、划线、开孔、切割、搭设脚手架、解体等全过程。

定 额 编 号				6-1-66	6-1-67	6-1-68
项 目				\多行炉壳开孔 φ50		
				壁厚(mm)		
				20 以内	30 以内	30 以外
基 价 (元)				**170.48**	**187.33**	**204.18**
其 中	人 工 费 (元)			60.75	76.50	92.25
	材 料 费 (元)			102.23	102.23	102.23
	机 械 费 (元)			7.50	8.60	9.70
	名 称	单位	单价(元)	数		量
人工	综合工日	工日	75.00	0.810	1.020	1.230
材 料	氧气	m³	3.60	8.000	8.000	8.000
	乙炔气	m³	25.20	2.660	2.660	2.660
	其他材料费	元	–	6.400	6.400	6.400
机械	其他机械费	元	–	7.500	8.600	9.700

定　额　编　号				6-1-69	6-1-70	6-1-71
项　　　目				炉壳开孔 $\phi100$		
				壁厚(mm)		
				20 以内	30 以内	30 以外
基　　价　(元)				**268.73**	**301.93**	**335.13**
其中	人　工　费　(元)			94.50	123.00	151.50
	材　料　费　(元)			157.83	157.83	157.83
	机　械　费　(元)			16.40	21.10	25.80
名　　　称		单位	单价(元)	数		量
人工	综合工日	工日	75.00	1.260	1.640	2.020
材料	氧气	m³	3.60	12.500	12.500	12.500
	乙炔气	m³	25.20	4.160	4.160	4.160
	其他材料费	元	—	8.000	8.000	8.000
机械	其他机械费	元	—	16.400	21.100	25.800

工作内容:同前

定 额 编 号				6-1-72	6-1-73	6-1-74
项 目				炉壳开孔 $\phi150$		
				壁厚(mm)		
				20 以内	30 以内	30 以外
基 价 （元）				**346.78**	**402.73**	**458.68**
其 中	人 工 费 （元）			147.75	196.50	245.25
	材 料 费 （元）			176.63	176.63	176.63
	机 械 费 （元）			22.40	29.60	36.80
名 称		单位	单价(元)	数		量
人工	综合工日	工日	75.00	1.970	2.620	3.270
材 料	氧气	m³	3.60	14.000	14.000	14.000
	乙炔气	m³	25.20	4.660	4.660	4.660
	其他材料费	元	－	8.800	8.800	8.800
机械	其他机械费	元	－	22.400	29.600	36.800

第二章　冶金容器结构制作

说　　明

一、本章定额是以施工企业所属金属结构制造厂制作为基础编制的。

二、本章定额不包括下列工作内容：

1. 各种铸件、锻件、机加工件的制作与安装。

2. 液面镜、窥视镜、花板、法兰的加工、焊缝探伤、退火热处理等。

3. 槽罐塔本体法兰的组装。

4. 各种型钢支撑圈及加固圈的煨制。

5. 各种专用胎具的制作。

6. 衬铅、衬胶。

7. 如要求退火，退火费另计。

三、本章定额中的计量单位(t)系指每台构件的净重。

四、下列情况套用定额时，可按系数调整。

各种容器按压力不大于 1.6MPa 考虑的，如压力大于 1.6MPa 时，应乘以系数 1.1。

五、不锈钢容器主材利用率见下表：

筒体(常压)	筒体(压力)	圆形平底盖	伞形顶盖	椭圆封头	
94%	93%	75%	70%	60%	
锥形封头	管板	折流板	管箱隔板	法兰＜φ500	法兰＞φ500
50%	30%	31%	88%	30%	55%

六、塔类的划分：

直径在 800mm 以下，直径与长度的比应大于 10；

直径在 1600mm 以下，直径与长度的比应大于 8；

直径在 3000mm 以下，直径与长度的比应大于 5；

直径在 3000mm 以上，直径与长度的比应大于 4。

七、直径为 5m 及多层沉降槽按解体考虑，并套用解体槽罐。

一、沉降槽制作

工作内容:放样、号料、切割、坡口、打头、滚圆、找圆、头盖打凸翻边及组对焊接;柱脚及吊耳制作、水压试验。 单位:t

定 额 编 号			6-2-1	6-2-2	6-2-3	6-2-4
项 目			沉降槽			
			$\phi2000$mm 以下	$\phi3000$mm 以下	$\phi5000$mm 以下	$\phi5000$mm 以上
基 价 (元)			**7200.50**	**6987.43**	**6245.66**	**6655.19**
其中	人 工 费 (元)		1400.25	1248.00	808.50	967.50
	材 料 费 (元)		4720.97	4680.20	4585.08	4845.79
	机 械 费 (元)		1079.28	1059.23	852.08	841.90
名 称	单位	单价(元)	数		量	
人工	综合工日	工日	75.00	18.670	16.640	10.780	12.900
材料	钢板综合	kg	3.75	886.000	886.000	886.000	886.000
	型钢综合	kg	4.00	214.000	214.000	214.000	214.000
	电焊条 结422 $\phi2.5$	kg	5.04	30.000	28.000	12.000	12.000
	螺栓	kg	8.90	1.300	1.300	1.300	1.300
	氧气	m³	3.60	10.000	9.000	9.000	12.000
	乙炔气	m³	25.20	3.330	3.000	3.000	4.000
	石棉橡胶板 低压 0.8~1.0	kg	13.20	0.400	0.300	0.300	0.400
	焦炭	kg	1.50	150.000	139.000	130.000	270.000

单位:t

定 额 编 号			6-2-1	6-2-2	6-2-3	6-2-4
项 目			沉降槽			
			φ2000mm 以下	φ3000mm 以下	φ5000mm 以下	φ5000mm 以上
材料	木柴	kg	0.95	15.000	14.000	13.000	27.000
	其他材料费	元	–	15.250	15.250	15.220	15.310
机械	电动单梁式起重机 10t	台班	356.89	0.250	0.250	0.250	0.250
	龙门式起重机 20t	台班	672.97	0.080	0.080	0.080	0.080
	平板拖车组 20t	台班	1264.92	0.100	0.100	0.100	0.100
	电动空气压缩机 10m³/min	台班	519.44	0.050	0.050	0.050	0.050
	型钢剪断机 500mm	台班	238.96	0.050	0.050	0.050	0.040
	剪板机 40mm×3100mm	台班	775.86	0.060	0.060	0.050	0.050
	型钢矫正机	台班	131.92	0.060	0.060	0.050	0.050
	多辊板料校平机 10mm×2000mm	台班	1240.71	0.060	0.060	0.050	0.050
	刨边机 12000mm	台班	777.63	0.130	0.130	0.120	0.110
	卷板机 40mm×4000mm	台班	1159.29	0.160	0.160	0.150	0.150
	摇臂钻床 φ50mm	台班	157.38	0.160	0.160	0.150	0.150
	电焊机综合	台班	100.64	3.000	2.800	1.200	1.200
	鼓风机 8m³/min 以内	台班	85.41	0.250	0.250	0.200	0.200
	其他机械费	元	–	7.870	7.940	8.520	8.500

二、碳钢空塔制作

工作内容:材料出库、验收、放样、号料、标记移置、剪切、气割、坡口加工、冷热加工成型、组对焊接打磨。　　　　　　　单位:t

定　额　编　号				6-2-5	6-2-6	6-2-7	6-2-8
项　　　　目				碳钢空塔(直径)800mm			
				单台重量(t)			
				1 以上	2 以上	4 以上	8 以上
基　　价　　(元)				**8107.51**	**7494.46**	**7120.41**	**6868.52**
其中	人　工　费　(元)			1897.50	1522.50	1291.50	1202.25
	材　料　费　(元)			4734.68	4568.90	4483.56	4403.16
	机　械　费　(元)			1475.33	1403.06	1345.35	1263.11
	名　　　称	单位	单价(元)	数		量	
人工	综合工日	工日	75.00	25.300	20.300	17.220	16.030
材料	钢板综合	kg	3.75	1045.000	1045.000	1045.000	1045.000
	型钢综合	kg	4.00	15.000	15.000	15.000	15.000
	电焊条 结422 φ2.5	kg	5.04	51.000	47.000	43.000	38.000
	螺栓	kg	8.90	1.300	1.300	1.300	1.300
	氧气	m³	3.60	17.000	13.000	11.000	10.000
	乙炔气	m³	25.20	5.670	4.300	3.670	3.330
	石棉橡胶板 低压 0.8~1.0	kg	13.20	1.200	0.900	0.700	0.500

单位:t

定 额 编 号			6-2-5	6-2-6	6-2-7	6-2-8
项 目			碳钢空塔(直径)800mm			
			单台重量(t)			
			1 以上	2 以上	4 以上	8 以上
材料	焦炭	kg	1.50	158.000	100.000	75.000	50.000
	木柴	kg	0.95	16.000	10.000	8.000	5.000
	其他材料费	元	–	15.200	15.160	15.100	15.050
机械	电动单梁式起重机 10t	台班	356.89	0.250	0.250	0.250	0.250
	龙门式起重机 20t	台班	672.97	0.270	0.270	0.270	0.270
	平板拖车组 20t	台班	1264.92	0.100	0.100	0.100	0.100
	电动空气压缩机 10m³/min	台班	519.44	0.150	0.150	0.150	0.150
	剪板机 40mm×3100mm	台班	775.86	0.070	0.070	0.070	0.060
	多辊板料校平机 10mm×2000mm	台班	1240.71	0.070	0.070	0.060	0.060
	刨边机 12000mm	台班	777.63	0.080	0.070	0.070	0.060
	卷板机 40mm×4000mm	台班	1159.29	0.180	0.170	0.170	0.160
	摇臂钻床 φ50mm	台班	157.38	0.160	0.150	0.150	0.130
	电焊机综合	台班	100.64	5.100	4.700	4.300	3.800
	鼓风机 8m³/min 以内	台班	85.41	0.490	0.360	0.300	0.280
	其他机械费	元	–	7.660	7.690	7.770	7.830

工作内容:同前

定　额　编　号				6-2-9	6-2-10	6-2-11
项　　　　　目				碳钢空塔(直径)1200mm		
				单台重量(t)		
				4 以上	8 以上	15 以上
基　　价　（元）				**6968.44**	**6775.36**	**6580.25**
其中	人　工　费　（元）			1183.13	1072.50	963.38
	材　料　费　（元）			4498.69	4452.08	4415.45
	机　械　费　（元）			1286.62	1250.78	1201.42
名　　　　称		单位	单价(元)	数　　　　　量		
人工	综合工日	工日	75.00	15.775	14.300	12.845
材料	钢板综合	kg	3.75	1045.000	1045.000	1045.000
	型钢综合	kg	4.00	15.000	15.000	15.000
	电焊条 结 422 φ2.5	kg	5.04	40.000	38.000	35.000
	螺栓	kg	8.90	1.300	1.300	1.300
	氧气	m³	3.60	10.000	9.000	8.000
	乙炔气	m³	25.20	3.330	3.000	2.670
	石棉橡胶板 低压 0.8~1.0	kg	13.20	0.700	0.500	0.300
	焦炭	kg	1.50	102.000	88.000	84.000

定 额 编 号			6-2-9	6-2-10	6-2-11
项 目			碳钢空塔（直径）1200mm		
			单台重量（t）		
			4 以上	8 以上	15 以上
材 料	木柴	kg	0.95	10.000	9.000	8.000
	其他材料费	元	–	15.110	15.090	15.090
机 械	电动单梁式起重机 10t	台班	356.89	0.250	0.250	0.250
	龙门式起重机 20t	台班	672.97	0.270	0.270	0.270
	平板拖车组 20t	台班	1264.92	0.100	0.100	0.100
	电动空气压缩机 10m³/min	台班	519.44	0.150	0.150	0.150
	剪板机 40mm×3100mm	台班	775.86	0.060	0.060	0.060
	多辊板料校平机 10mm×2000mm	台班	1240.71	0.060	0.060	0.050
	刨边机 12000mm	台班	777.63	0.060	0.060	0.060
	卷板机 40mm×4000mm	台班	1159.29	0.160	0.150	0.150
	摇臂钻床 φ50mm	台班	157.38	0.130	0.120	0.120
	电焊机综合	台班	100.64	4.000	3.800	3.500
	鼓风机 8m³/min 以内	台班	85.41	0.320	0.290	0.210
	其他机械费	元	–	7.800	7.820	7.890

定 额 编 号			6-2-12	6-2-13	6-2-14	6-2-15
项 目			碳钢空塔(直径)2000mm			
			单台重量(t)			
			8 以上	15 以上	25 以上	40 以上
基 价 (元)			**6620.91**	**6395.60**	**6286.08**	**6238.93**
其中	人 工 费 (元)		954.75	862.50	802.13	715.88
	材 料 费 (元)		4470.87	4374.62	4359.85	4419.31
	机 械 费 (元)		1195.29	1158.48	1124.10	1103.74
	名 称	单位	单价(元)	数		量
人工	综合工日	工日	75.00	12.730	11.500	10.695	9.545
材料	钢板综合	kg	3.75	1045.000	1045.000	1045.000	1070.000
	型钢综合	kg	4.00	15.000	15.000	15.000	15.000
	电焊条 结422 ϕ2.5	kg	5.04	34.000	32.000	31.000	30.000
	螺栓	kg	8.90	1.300	1.300	1.300	1.300
	氧气	m³	3.60	8.000	7.000	7.000	6.000
	乙炔气	m³	25.20	2.670	2.330	2.330	2.000
	石棉橡胶板 低压 0.8~1.0	kg	13.20	0.500	0.300	0.200	0.100
	焦炭	kg	1.50	120.000	75.000	70.000	60.000

单位:t

定 额 编 号			6-2-12	6-2-13	6-2-14	6-2-15
项 目			碳钢空塔(直径)2000mm			
			单台重量(t)			
			8 以上	15 以上	25 以上	40 以上
材料	木柴	kg	0.95	12.000	8.000	7.000	6.000
	其他材料费	元	–	15.110	15.040	15.080	15.020
机械	电动单梁式起重机 10t	台班	356.89	0.250	0.250	0.250	0.250
	龙门式起重机 20t	台班	672.97	0.230	0.230	0.230	0.230
	平板拖车组 20t	台班	1264.92	0.100	0.100	0.100	0.100
	电动空气压缩机 10m³/min	台班	519.44	0.120	0.120	0.120	0.120
	剪板机 40mm×3100mm	台班	775.86	0.060	0.060	0.060	0.050
	多辊板料校平机 10mm×2000mm	台班	1240.71	0.060	0.060	0.050	0.050
	刨边机 12000mm	台班	777.63	0.060	0.060	0.050	0.050
	卷板机 40mm×4000mm	台班	1159.29	0.170	0.160	0.160	0.160
	摇臂钻床 φ50mm	台班	157.38	0.140	0.140	0.130	0.130
	电焊机综合	台班	100.64	3.400	3.200	3.100	3.000
	鼓风机 8m³/min 以内	台班	85.41	0.300	0.240	0.210	0.180
	其他机械费	元	–	7.900	7.930	7.940	7.960

工作内容:同前

单位:t

定 额 编 号				6-2-16	6-2-17	6-2-18
项 目				碳钢空塔(直径)3000mm		
				单台重量(t)		
				25 以上	30 以上	40 以上
基 价 （元）				**6289.87**	**6251.54**	**6166.51**
其中	人 工 费 （元）			796.13	761.25	690.75
	材 料 费 （元）			4372.84	4366.19	4356.68
	机 械 费 （元）			1120.90	1124.10	1119.08
名 称		单位	单价(元)	数		量
人工	综合工日	工日	75.00	10.615	10.150	9.210
材 料	钢板综合	kg	3.75	1045.000	1045.000	1045.000
	型钢综合	kg	4.00	15.000	15.000	15.000
	电焊条 结 422 ϕ2.5	kg	5.04	28.000	31.000	33.000
	螺栓	kg	8.90	1.300	1.300	1.300
	氧气	m³	3.60	8.000	7.000	6.000
	乙炔气	m³	25.20	2.670	2.300	2.000
	石棉橡胶板 低压 0.8~1.0	kg	13.20	0.200	0.100	0.100
	焦炭	kg	1.50	80.000	75.000	70.000

单位:t

定 额 编 号			6-2-16	6-2-17	6-2-18
项 目			碳钢空塔(直径)3000mm		
			单台重量(t)		
			25 以上	30 以上	40 以上
材料	木柴	kg	0.95	8.000	8.000	7.000
	其他材料费	元	–	15.080	15.050	15.070
机械	电动单梁式起重机 10t	台班	356.89	0.250	0.250	0.250
	龙门式起重机 20t	台班	672.97	0.230	0.230	0.230
	平板拖车组 20t	台班	1264.92	0.100	0.100	0.100
	电动空气压缩机 10m³/min	台班	519.44	0.120	0.120	0.120
	剪板机 40mm×3100mm	台班	775.86	0.060	0.060	0.050
	多辊板料校平机 10mm×2000mm	台班	1240.71	0.060	0.050	0.050
	刨边机 12000mm	台班	777.63	0.060	0.050	0.050
	卷板机 40mm×4000mm	台班	1159.29	0.160	0.160	0.150
	摇臂钻床 φ50mm	台班	157.38	0.140	0.130	0.110
	电焊机综合	台班	100.64	2.800	3.100	3.300
	鼓风机 8m³/min 以内	台班	85.41	0.270	0.210	0.180
	其他机械费	元	–	8.050	7.940	7.850

工作内容:同前

单位:t

定 额 编 号				6-2-19	6-2-20	6-2-21
项 目				碳钢空塔(直径)大于3000mm		
				单台重量(t)		
				25 以上	30 以上	40 以上
基 价 (元)				**6284.49**	**6169.47**	**6145.77**
其中	人 工 费 (元)			789.75	712.50	676.50
	材 料 费 (元)			4383.74	4364.41	4360.10
	机 械 费 (元)			1111.00	1092.56	1109.17
名 称		单位	单价(元)	数		量
人工	综合工日	工日	75.00	10.530	9.500	9.020
材料	钢板综合	kg	3.75	1045.000	1045.000	1045.000
	型钢综合	kg	4.00	15.000	15.000	15.000
	电焊条 结422 ф2.5	kg	5.04	27.000	29.000	32.000
	螺栓	kg	8.90	1.300	1.300	1.300
	氧气	m³	3.60	8.000	7.000	6.000
	乙炔气	m³	25.20	2.670	2.330	2.000
	石棉橡胶板 低压0.8~1.0	kg	13.20	0.200	0.100	0.100
	焦炭	kg	1.50	90.000	80.000	75.000

定　额　编　号			6-2-19	6-2-20	6-2-21
项　　　　　　目			碳钢空塔(直径)大于3000mm		
			单台重量(t)		
			25 以上	30 以上	40 以上
材料	木柴	kg	0.95	9.000	8.000	8.000
	其他材料费	元	－	15.070	15.090	15.080
机械	电动单梁式起重机 10t	台班	356.89	0.250	0.250	0.250
	龙门式起重机 20t	台班	672.97	0.230	0.230	0.230
	平板拖车组 20t	台班	1264.92	0.100	0.100	0.100
	电动空气压缩机 10m³/min	台班	519.44	0.120	0.120	0.120
	剪板机 40mm×3100mm	台班	775.86	0.060	0.060	0.050
	多辊板料校平机 10mm×2000mm	台班	1240.71	0.060	0.050	0.050
	刨边机 12000mm	台班	777.63	0.060	0.050	0.050
	卷板机 40mm×4000mm	台班	1159.29	0.160	0.150	0.150
	摇臂钻床 φ50mm	台班	157.38	0.130	0.120	0.100
	电焊机综合	台班	100.64	2.700	2.900	3.200
	鼓风机 8m³/min 以内	台班	85.41	0.290	0.230	0.200
	其他机械费	元	－	8.070	7.980	7.870

三、碳钢容器制作

1. 碳钢平盖平底容器制作

工作内容:1.封头、筒体、人手孔、接管、补强板、柱脚的制作,容器各部件组对、焊接、安装;2.接管和人手孔法兰盖的机械加工;
3.容器补强板气密试验及平底伞盖容器底板真空试漏。 单位:t

定 额 编 号				6-2-22	6-2-23	6-2-24
项 目				容积(m³)		
				0.5 以内	1.0 以内	2.0 以内
基 价 (元)				**10768.11**	**9712.96**	**9397.19**
其中	人 工 费 (元)			1927.50	1593.75	1398.75
	材 料 费 (元)			4762.28	4714.65	4689.21
	机 械 费 (元)			4078.33	3404.56	3309.23
名 称		单位	单价(元)	数		量
人工	综合工日	工日	75.00	25.700	21.250	18.650
材料	钢材	kg	3.90	1100.000	1100.000	1100.000
	电焊条 结 422 φ2.5	kg	5.04	32.200	28.900	27.500
	氧气	m³	3.60	21.900	19.500	18.000
	乙炔气	m³	25.20	7.300	6.500	6.000
	炭精棒 8~12	根	1.50	9.900	8.380	8.120

定 额 编 号			6-2-22	6-2-23	6-2-24
项 目			容积(m³)		
			0.5 以内	1.0 以内	2.0 以内
材料	二等方木 综合	m³	1800.00	0.010	0.010	0.010
	其他材料费	元	–	14.340	14.420	14.430
机械	电动空气压缩机 6m³/min	台班	338.45	1.100	0.900	0.850
	直流弧焊机 30kW	台班	103.34	11.900	9.000	8.500
	剪板机 20mm×2500mm	台班	302.52	0.250	0.220	0.200
	卷板机 20mm×2500mm	台班	291.50	0.300	0.270	0.250
	刨边机 12000mm	台班	777.63	0.510	0.510	0.510
	龙门式起重机 5t	台班	276.19	2.120	1.700	1.440
	立式钻床 φ50mm	台班	148.94	0.800	0.600	0.500
	普通车床 630mm×2000mm	台班	187.70	0.800	0.600	0.500
	电动滚胎	台班	92.00	–	–	2.130
	载货汽车 5t	台班	507.79	1.000	0.900	0.800
	汽车式起重机 5t	台班	546.38	1.000	0.900	0.800
	其他机械费	元	–	7.610	7.780	7.860

工作内容:同前

定 额 编 号			6-2-25	6-2-26	6-2-27
项 目			容积(m³)		
			3.0 以内	5.0 以内	10 以内
基 价 (元)			**9020.84**	**8613.92**	**8204.75**
其中	人 工 费 (元)		1271.25	1166.25	1061.25
	材 料 费 (元)		4651.72	4634.71	4616.38
	机 械 费 (元)		3097.87	2812.96	2527.12
名 称	单位	单价(元)	数		量
人工 综合工日	工日	75.00	16.950	15.550	14.150
材料 钢材	kg	3.90	1100.000	1100.000	1100.000
电焊条 结 422 φ2.5	kg	5.04	25.200	24.800	24.000
氧气	m³	3.60	15.900	14.400	13.200
乙炔气	m³	25.20	5.300	4.800	4.400
炭精棒 8~12	根	1.50	7.640	9.770	9.850
二等方木 综合	m³	1800.00	0.010	0.010	0.010
其他材料费	元	-	14.450	14.260	14.240

定　额　编　号			6-2-25	6-2-26	6-2-27
项　　　　目			容积（m³）		
			3.0 以内	5.0 以内	10 以内
机	电动空气压缩机 6m³/min	台班	338.45	0.800	0.750	0.700
	直流弧焊机 30kW	台班	103.34	8.000	7.500	7.000
	剪板机 20mm×2500mm	台班	302.52	0.180	0.160	0.140
	卷板机 20mm×2500mm	台班	291.50	0.240	0.230	0.220
	刨边机 12000mm	台班	777.63	0.430	0.430	0.430
	龙门式起重机 5t	台班	276.19	1.300	1.200	1.100
	立式钻床 φ50mm	台班	148.94	0.400	0.300	0.200
	普通车床 630mm×2000mm	台班	187.70	0.400	0.300	0.200
	普通车床 1000mm×5000mm	台班	295.30	0.400	0.300	0.200
	电动滚胎	台班	92.00	2.000	1.880	1.750
械	载货汽车 5t	台班	507.79	0.700	0.600	0.500
	汽车式起重机 5t	台班	546.38	0.700	0.600	0.500
	其他机械费	元	－	7.850	7.770	7.680

2. 碳钢平盖锥形底容器制作

工作内容:1.封头、筒体、人手孔、接管、补强板、柱脚的制作,容器各部件组对、焊接、安装;2.接管和人手孔法兰盖的机械加工;
3.容器补强板气密试验及平底伞盖容器底板真空试漏。

单位:t

定 额 编 号				6-2-28	6-2-29	6-2-30
项 目				容积(m³)		
				0.5 以内	1.0 以内	2.0 以内
基 价 (元)				**12601.79**	**11494.91**	**10694.12**
其中	人 工 费 (元)			2336.25	1938.75	1695.00
	材 料 费 (元)			5032.27	4972.84	4940.75
	机 械 费 (元)			5233.27	4583.32	4058.37
名 称		单位	单价(元)	数		量
人工	综合工日	工日	75.00	31.150	25.850	22.600
材料	钢材	kg	3.90	1150.000	1150.000	1150.000
	电焊条 结422 φ2.5	kg	5.04	40.000	36.700	34.900
	氧气	m³	3.60	24.000	20.700	18.900
	乙炔气	m³	25.20	8.000	6.900	6.300
	炭精棒8~12	根	1.50	17.240	15.000	13.630
	二等方木 综合	m³	1800.00	0.010	0.010	0.010
	其他材料费	元	–	13.810	13.970	14.610

定 额 编 号			6-2-28	6-2-29	6-2-30
项 目			容积(m³)		
			0.5 以内	1.0 以内	2.0 以内
机	电动空气压缩机 6m³/min	台班	338.45	1.350	1.220	1.100
	直流弧焊机 30kW	台班	103.34	13.500	12.200	11.000
	剪板机 20mm×2500mm	台班	302.52	0.250	0.220	0.200
	卷板机 20mm×2500mm	台班	291.50	0.700	0.600	0.500
	刨边机 12000mm	台班	777.63	0.510	0.510	0.510
	龙门式起重机 5t	台班	276.19	2.630	2.040	1.710
	立式钻床 φ50mm	台班	148.94	0.800	0.600	0.500
	普通车床 630mm×2000mm	台班	187.70	0.800	0.600	0.500
	叉式装载机 3t	台班	134.00	0.500	0.400	0.300
	箱式加热炉 RJX-75-9	台班	241.06	0.500	0.400	0.300
	电动滚胎	台班	92.00	3.380	3.050	2.750
	载货汽车 5t	台班	507.79	1.000	0.900	0.800
械	汽车式起重机 5t	台班	546.38	1.000	0.900	0.800
	油压机 500t	台班	297.62	0.500	0.400	0.300
	其他机械费	元	—	7.840	7.780	7.740

定　额　编　号			6-2-31	6-2-32	6-2-33
项　　　　　目			容积(m³)		
			3.0 以内	5.0 以内	10 以内
基　　　　价　（元）			**10212.81**	**9778.28**	**9251.85**
其中	人　工　费　（元）		1545.00	1440.00	1286.25
	材　料　费　（元）		4915.44	4900.13	4890.39
	机　械　费　（元）		3752.37	3438.15	3075.21
名　　　　称		单位	单价(元)	数　　　量	
人工	综合工日	工日	75.00	20.600	19.200	17.150
材料	钢材	kg	3.90	1150.000	1150.000	1150.000
	电焊条 结422 φ2.5	kg	5.04	32.400	30.900	30.900
	氧气	m³	3.60	18.000	17.400	16.500
	乙炔气	m³	25.20	6.000	5.800	5.500
	炭精棒 8~12	根	1.50	12.700	12.300	13.060
	二等方木 综合	m³	1800.00	0.010	0.010	0.010
	其他材料费	元	—	14.090	14.140	14.060
机械	电动空气压缩机 6m³/min	台班	338.45	1.050	1.000	0.950

定 额 编 号			6-2-31	6-2-32	6-2-33
项 目			容积(m³)		
			3.0 以内	5.0 以内	10 以内
机 械	直流弧焊机 30kW	台班	103.34	10.500	10.000	9.500
	剪板机 20mm×2500mm	台班	302.52	0.180	0.160	0.140
	卷板机 20mm×2500mm	台班	291.50	0.450	0.420	0.400
	刨边机 12000mm	台班	777.63	0.430	0.430	0.430
	龙门式起重机 5t	台班	276.19	1.510	1.450	1.200
	立式钻床 φ50mm	台班	148.94	0.400	0.300	0.200
	普通车床 630mm×2000mm	台班	187.70	0.400	0.300	0.200
	普通车床 1000mm×5000mm	台班	295.30	0.400	0.300	0.200
	叉式装载机 3t	台班	134.00	0.200	0.150	0.100
	箱式加热炉 RJX-75-9	台班	241.06	0.200	0.150	0.100
	电动滚胎	台班	92.00	2.630	2.500	2.380
	载货汽车 5t	台班	507.79	0.700	0.600	0.500
	汽车式起重机 5t	台班	546.38	0.700	0.600	0.500
	油压机 500t	台班	297.62	0.200	0.150	0.100
	其他机械费	元	-	7.680	7.620	7.490

3.碳钢伞盖平底容器制作

工作内容: 1.封头、筒体、人手孔、接管、补强板、柱脚的制作,容器各部件组对、焊接、安装;2.接管和人手孔法兰盖的机械加工;
3.容器补强板气密试验及伞盖平底容器底板真空试漏。

单位:t

定 额 编 号				6-2-34	6-2-35	6-2-36	6-2-37	6-2-38
项 目				容积(m³)				
				12 以内	20 以内	32 以内	50 以内	100 以内
基 价 (元)				10379.08	9691.84	9253.22	8847.93	8335.37
其中	人 工 费 (元)			1260.00	1162.50	1098.75	1061.25	1008.75
	材 料 费 (元)			4753.00	4753.00	4745.78	4734.25	4725.54
	机 械 费 (元)			4366.08	3776.34	3408.69	3052.43	2601.08
名 称		单位	单价(元)	数		量		
人工	综合工日	工日	75.00	16.800	15.500	14.650	14.150	13.450
材料	钢材	kg	3.90	1100.000	1100.000	1100.000	1100.000	1100.000
	电焊条 结422 φ2.5	kg	5.04	25.100	25.100	25.100	24.400	23.900
	氧气	m³	3.60	10.800	10.800	10.200	9.600	9.000
	乙炔气	m³	25.20	3.600	3.600	3.400	3.200	3.000
	炭精棒 8~12	根	1.50	8.300	8.300	8.630	7.730	8.450
	二等方木 综合	m³	1800.00	0.100	0.100	0.100	0.100	0.100
	其他材料费	元	—	14.450	14.450	14.430	14.480	14.410

单位:t

定 额 编 号			6-2-34	6-2-35	6-2-36	6-2-37	6-2-38
项 目			容积(m³)				
			12 以内	20 以内	32 以内	50 以内	100 以内
机 械	真空泵 204m³/h	台班	257.92	0.100	0.100	0.100	0.100	0.100
	电动空气压缩机 6m³/min	台班	338.45	0.900	0.860	0.830	0.800	0.780
	直流弧焊机 30kW	台班	103.34	9.000	8.600	8.300	8.000	7.800
	剪板机 20mm×2500mm	台班	302.52	0.140	0.130	0.120	0.110	0.100
	卷板机 20mm×2500mm	台班	291.50	0.220	0.210	0.200	0.190	0.180
	刨边机 12000mm	台班	777.63	0.430	0.370	0.370	0.370	0.370
	龙门式起重机 5t	台班	276.19	1.200	1.100	1.080	1.050	1.000
	摩擦压力机 1600kN	台班	394.86	0.400	0.300	0.250	0.220	0.200
	立式钻床 φ50mm	台班	148.94	0.200	0.150	0.120	0.100	0.080
	普通车床 630mm×2000mm	台班	187.70	0.200	0.150	0.120	0.100	0.080
	普通车床 1000mm×5000mm	台班	295.30	0.200	0.150	0.120	0.100	0.080
	载货汽车 8t	台班	619.25	0.700	0.600	0.500	0.400	0.300
	汽车式起重机 16t	台班	1071.52	1.500	1.200	1.000	0.800	0.500
	其他机械费	元	—	8.240	8.060	7.960	7.790	7.550

4. 碳钢椭圆双封头容器制作

工作内容: 1.封头、筒体、人手孔、接管、补强板、柱脚的制作,容器各部件组对、焊接、安装;2.接管和人手孔法兰盖的机械加工;
3.容器补强板气密试验及平底伞盖容器底板真空试漏。

单位:t

定　额　编　号			6-2-39	6-2-40	6-2-41	6-2-42	6-2-43
项　　　　　目			容积(m³)				
			0.5 以内	1.0 以内	2.0 以内	3.0 以内	5.0 以内
基　　　价　（元）			**14432.34**	**13118.85**	**12067.30**	**11362.89**	**10735.41**
其中	人　工　费　（元）		2748.75	2280.00	1995.00	1815.00	1665.00
	材　料　费　（元）		5023.28	4984.71	4952.04	4908.51	4879.13
	机　械　费　（元）		6660.31	5854.14	5120.26	4639.38	4191.28
名　　称	单位	单价(元)	数		量		
人工 综合工日	工日	75.00	36.650	30.400	26.600	24.200	22.200
材料	钢材	kg	3.90	1150.000	1150.000	1150.000	1150.000	1150.000
	电焊条 结 422 φ2.5	kg	5.04	43.100	41.200	39.200	36.000	33.800
	氧气	m³	3.60	21.900	19.500	18.000	15.900	14.400
	乙炔气	m³	25.20	7.300	6.500	6.000	5.300	4.800
	炭精棒 8~12	根	1.50	17.650	17.530	14.310	12.800	12.600
	二等方木 综合	m³	1800.00	0.010	0.010	0.010	0.010	0.010
	其他材料费	元	—	13.780	13.770	14.010	14.070	14.080
机械	半自动切割机 100mm	台班	96.23	1.000	1.000	1.000	1.000	1.000

定 额 编 号			6-2-39	6-2-40	6-2-41	6-2-42	6-2-43
项 目			容积(m³)				
			0.5 以内	1.0 以内	2.0 以内	3.0 以内	5.0 以内
机	电动空气压缩机 6m³/min	台班	338.45	1.350	1.250	1.100	1.050	1.000
	直流弧焊机 30kW	台班	103.34	13.500	12.500	11.000	10.500	10.000
	剪板机 20mm×2500mm	台班	302.52	0.250	0.220	0.200	0.180	0.160
	卷板机 20mm×2500mm	台班	291.50	0.300	0.270	0.250	0.240	0.230
	刨边机 12000mm	台班	777.63	0.510	0.510	0.510	0.430	0.430
	龙门式起重机 5t	台班	276.19	3.450	2.670	2.300	2.050	1.850
	油压机 800t	台班	1731.15	0.600	0.500	0.400	0.300	0.250
	立式钻床 φ50mm	台班	148.94	0.800	0.600	0.500	0.400	0.300
	普通车床 630mm×2000mm	台班	187.70	0.800	0.600	0.500	0.400	0.300
	普通车床 1000mm×5000mm	台班	295.30	–	–	–	0.400	0.300
	叉式装载机 3t	台班	134.00	0.600	0.500	0.400	0.300	0.250
	箱式加热炉 RJX-75-9	台班	241.06	0.600	0.500	0.400	0.300	0.250
	电动滚胎	台班	92.00	3.380	3.130	2.750	2.630	2.500
械	载货汽车 8t	台班	619.25	1.000	0.900	0.800	0.700	0.600
	汽车式起重机 8t	台班	728.19	1.000	0.900	0.800	0.700	0.600
	其他机械费	元	–	8.120	8.070	8.030	7.920	7.820

工作内容:同前

定　额　编　号			6-2-44	6-2-45	6-2-46	6-2-47	6-2-48
项　　　　　目			容积(m³)				
			10 以内	20 以内	40 以内	60 以内	100 以内
基　　　价　　(元)			**10053.90**	**9538.51**	**9068.79**	**8642.74**	**8362.02**
其中	人　工　费　(元)		1515.00	1361.25	1211.25	1061.25	948.75
	材　料　费　(元)		4845.52	4823.73	4803.35	4790.39	4782.20
	机　械　费　(元)		3693.38	3353.53	3054.19	2791.10	2631.07
名　　　称	单位	单价(元)	数		量		
人工 综合工日	工日	75.00	20.200	18.150	16.150	14.150	12.650
材料 钢材	kg	3.90	1150.000	1150.000	1150.000	1150.000	1150.000
电焊条 结 422 φ2.5	kg	5.04	30.100	28.100	26.200	25.200	25.000
氧气	m³	3.60	13.200	12.300	11.400	10.800	10.200
乙炔气	m³	25.20	4.400	4.100	3.800	3.600	3.400
炭精棒 8~12	根	1.50	12.230	11.580	11.580	11.100	11.100
二等方木 综合	m³	1800.00	0.010	0.010	0.010	0.010	0.010
其他材料费	元	—	14.070	14.140	14.130	14.130	14.150
机械 半自动切割机 100mm	台班	96.23	1.000	1.000	1.000	1.000	1.000
电动空气压缩机 6m³/min	台班	338.45	0.950	0.900	0.860	0.830	0.830
直流弧焊机 30kW	台班	103.34	9.500	9.000	8.600	8.300	8.300

单位:t

定 额 编 号			6-2-44	6-2-45	6-2-46	6-2-47	6-2-48
项 目			容积(m³)				
			10 以内	20 以内	40 以内	60 以内	100 以内
机	剪板机 20mm×2500mm	台班	302.52	0.140	0.130	0.120	0.110	0.100
	卷板机 20mm×2500mm	台班	291.50	0.220	0.210	0.200	0.190	0.180
	刨边机 12000mm	台班	777.63	0.430	0.370	0.370	0.370	0.370
	龙门式起重机 5t	台班	276.19	1.650	1.460	1.250	1.020	0.830
	油压机 800t	台班	1731.15	0.210	0.180	0.150	0.120	0.100
	立式钻床 φ50mm	台班	148.94	0.200	0.130	0.070	0.050	0.030
	普通车床 630mm×2000mm	台班	187.70	0.200	0.130	0.070	0.050	0.030
	普通车床 1000mm×5000mm	台班	295.30	0.200	0.130	0.070	0.050	0.030
	叉式装载机 3t	台班	134.00	0.210	0.180	0.150	0.120	0.100
	箱式加热炉 RJX-75-9	台班	241.06	0.210	0.180	0.150	0.120	0.100
	电动滚胎	台班	92.00	2.380	2.250	2.150	2.080	2.080
	载货汽车 8t	台班	619.25	0.100	0.100	0.100	0.100	0.100
	平板拖车组 20t	台班	1264.92	0.200	0.180	0.150	0.120	0.100
械	汽车式起重机 8t	台班	728.19	0.100	0.100	0.100	0.100	0.100
	汽车式起重机 16t	台班	1071.52	0.200	0.180	0.150	0.120	0.100
	其他机械费	元	—	7.630	7.560	7.430	7.320	7.190

5.碳钢锥底椭圆双封头容器制作

工作内容:1.封头、筒体、人手孔、接管、补强板、柱脚的制作,容器各部件组对、焊接、安装;2.接管和人手孔法兰盖的机械加工;
3.容器补强板气密试验及平底伞盖容器底板真空试漏。

单位:t

定 额 编 号				6-2-49	6-2-50	6-2-51
项 目				容积(m³)		
				0.5 以内	1.0 以内	2.0 以内
基 价 (元)				**15909.30**	**14112.36**	**13081.49**
其中	人 工 费 (元)			3026.25	2505.00	2193.75
	材 料 费 (元)			5267.84	5211.43	5174.24
	机 械 费 (元)			7615.21	6395.93	5713.50
名 称		单位	单价(元)	数		量
人工	综合工日	工日	75.00	40.350	33.400	29.250
材料	钢材	kg	3.90	1200.000	1200.000	1200.000
	电焊条 结 422 φ2.5	kg	5.04	47.000	44.300	41.900
	氧气	m³	3.60	24.000	20.700	18.900
	乙炔气	m³	25.20	8.000	6.900	6.300
	炭精棒 8～12	根	1.50	20.880	18.680	16.250
	二等方木 综合	m³	1800.00	0.010	0.010	0.010
	其他材料费	元	-	13.640	13.740	13.890
机械	半自动切割机 100mm	台班	96.23	1.000	1.000	1.000

定 额 编 号			6-2-49	6-2-50	6-2-51
项 目			容积（m³）		
			0.5 以内	1.0 以内	2.0 以内
机	电动空气压缩机 6m³/min	台班	338.45	1.550	1.330	1.250
	直流弧焊机 30kW	台班	103.34	15.500	13.300	12.500
	剪板机 20mm×2500mm	台班	302.52	0.250	0.220	0.200
	卷板机 20mm×2500mm	台班	291.50	0.700	0.600	0.500
	刨边机 12000mm	台班	777.63	0.510	0.510	0.510
	龙门式起重机 5t	台班	276.19	3.800	3.040	2.550
	油压机 800t	台班	1731.15	0.800	0.600	0.500
	立式钻床 φ50mm	台班	148.94	0.800	0.600	0.500
	普通车床 630mm×2000mm	台班	187.70	0.800	0.600	0.500
	叉式装载机 3t	台班	134.00	0.800	0.600	0.500
	箱式加热炉 RJX-75-9	台班	241.06	0.800	0.600	0.500
	电动滚胎	台班	92.00	3.880	3.380	3.130
械	载货汽车 8t	台班	619.25	1.000	0.900	0.800
	汽车式起重机 8t	台班	728.19	1.000	0.900	0.800
	其他机械费	元	—	8.140	8.110	7.990

定　额　编　号			6-2-52	6-2-53	6-2-54
项　　　目			容积(m³)		
			3.0 以内	5.0 以内	10 以内
基　　价　(元)			**12350.98**	**11688.33**	**11070.12**
其中	人　工　费　(元)		1995.00	1830.00	1665.00
	材　料　费　(元)		5146.95	5124.33	5100.28
	机　械　费　(元)		5209.03	4734.00	4304.84
名　　　称	单位	单价(元)	数		量
人工 综合工日	工日	75.00	26.600	24.400	22.200
材料 钢材	kg	3.90	1200.000	1200.000	1200.000
电焊条 结 422 φ2.5	kg	5.04	39.300	36.200	33.400
氧气	m³	3.60	18.000	17.400	16.500
乙炔气	m³	25.20	6.000	5.800	5.500
炭精棒 8~12	根	1.50	13.880	14.020	14.640
二等方木 综合	m³	1800.00	0.010	0.010	0.010
其他材料费	元	-	14.060	14.050	13.980
机械 半自动切割机 100mm	台班	96.23	1.000	1.000	1.000
电动空气压缩机 6m³/min	台班	338.45	1.200	1.140	1.110

续前

定 额 编 号			6-2-52	6-2-53	6-2-54
项 目			容积(m³)		
			3.0 以内	5.0 以内	10 以内
机 械	直流弧焊机 30kW	台班	103.34	12.000	11.400	11.100
	剪板机 20mm×2500mm	台班	302.52	0.180	0.160	0.140
	卷板机 20mm×2500mm	台班	291.50	0.450	0.420	0.400
	刨边机 12000mm	台班	777.63	0.430	0.430	0.430
	龙门式起重机 5t	台班	276.19	2.260	2.040	1.800
	油压机 800t	台班	1731.15	0.400	0.350	0.300
	立式钻床 φ50mm	台班	148.94	0.400	0.300	0.200
	普通车床 630mm×2000mm	台班	187.70	0.400	0.300	0.200
	普通车床 1000mm×5000mm	台班	295.30	0.400	0.300	0.200
	叉式装载机 3t	台班	134.00	0.400	0.350	0.300
	箱式加热炉 RJX-75-9	台班	241.06	0.400	0.350	0.300
	电动滚胎	台班	92.00	3.000	2.850	2.780
	载货汽车 8t	台班	619.25	0.700	0.600	0.500
	汽车式起重机 8t	台班	728.19	0.700	0.600	0.500
	其他机械费	元	-	7.910	7.800	7.650

四、不锈钢容器制作

1. 不锈钢平底平盖容器制作

工作内容:放样、号料、切割、坡口、压头卷弧、找圆、组对、焊接、焊缝酸洗钝化、内部附件制作、组装、成品倒运。　　　　单位:t

定　额　编　号				6-2-55	6-2-56	6-2-57
项　　目				容积(m³)		
				1 以内	2 以内	4 以内
基　　价　（元）				14927.24	13050.43	9749.07
其中	人　工　费（元）			1501.13	1333.88	1145.63
	材　料　费（元）			2944.85	2524.58	2169.63
	机　械　费（元）			10481.26	9191.97	6433.81
	名　　称	单位	单价(元)	数		量
人工	综合工日	工日	75.00	20.015	17.785	15.275
材料	钢板综合	kg	3.75	38.840	36.980	32.630
	电焊条 结422 φ2.5	kg	5.04	5.670	3.110	2.020
	不锈钢电焊条 302	kg	40.00	35.950	30.310	29.200
	不锈钢氩弧焊丝 1Cr18Ni9Ti	kg	32.00	0.010	0.010	0.010
	氧气	m³	3.60	8.870	6.820	3.950
	乙炔气	m³	25.20	2.960	2.270	1.320
	氩气	m³	15.00	0.030	0.030	0.030
	尼龙砂轮片 φ150	片	7.60	11.450	10.430	9.400
	尼龙砂轮片 φ100	片	7.60	23.780	20.770	17.220
	炭精棒 8~12	根	1.50	41.930	34.890	34.440
	二等方木 综合	m³	1800.00	0.170	0.150	0.110
	道木	m³	1600.00	0.080	0.060	0.040

单位:t

定 额 编 号				6-2-55	6-2-56	6-2-57
项 目				容积(m³)		
				1 以内	2 以内	4 以内
材 料	氢氟酸 0.45	kg	5.50	0.720	0.650	0.470
	酸洗膏	kg	25.00	11.210	10.220	7.420
	溶剂	kg	12.50	12.800	11.660	8.470
	硝酸	kg	2.90	5.680	5.180	3.760
机 械	直流弧焊机 30kW	台班	103.34	16.030	14.610	12.330
	氩弧焊机 500A	台班	116.61	0.020	0.020	0.020
	等离子弧焊机 400A	台班	226.59	3.240	3.160	2.990
	电焊条烘干箱 80×80×100cm³	台班	57.04	1.730	1.460	1.230
	电焊条烘干箱 60×50×75cm³	台班	28.84	1.730	1.460	1.230
	剪板机 20mm×2500mm	台班	302.52	0.490	0.370	0.310
	卷板机 20mm×2500mm	台班	291.50	0.430	0.300	0.290
	刨边机 9000mm	台班	711.64	0.260	0.220	0.130
	立式钻床 φ35mm	台班	123.59	0.320	0.250	0.240
	电动滚胎	台班	92.00	17.070	14.420	10.260
	汽车式起重机 8t	台班	728.19	2.790	1.790	0.950
	电动单梁式起重机 10t	台班	356.89	2.230	2.010	1.750
	龙门式起重机 20t	台班	672.97	1.280	1.980	0.690
	载货汽车 5t	台班	507.79	2.150	1.560	0.930
	载货汽车 10t	台班	782.33	0.040	0.030	0.030
	电动空气压缩机 1m³/min	台班	146.17	3.240	3.160	2.990
	电动空气压缩机 6m³/min	台班	338.45	1.730	1.460	1.230

工作内容:同前

单位:t

定 额 编 号				6-2-58	6-2-59	6-2-60
项 目				容积(m³)		
				6 以内	8 以内	10 以内
基 价 (元)				**8856.54**	**7809.01**	**7455.97**
其中	人 工 费 (元)			1094.25	988.50	981.75
	材 料 费 (元)			2037.90	1917.15	1851.01
	机 械 费 (元)			5724.39	4903.36	4623.21
名 称		单位	单价(元)	数		量
人工	综合工日	工日	75.00	14.590	13.180	13.090
材料	钢板综合	kg	3.75	29.550	27.160	24.460
	型钢综合	kg	4.00	—	4.680	4.210
	电焊条 结 422 φ2.5	kg	5.04	1.940	1.940	1.720
	不锈钢电焊条 302	kg	40.00	28.810	28.810	28.620
	不锈钢氩弧焊丝 1Cr18Ni9Ti	kg	32.00	0.010	0.010	0.010
	氧气	m³	3.60	3.730	2.550	2.300
	乙炔气	m³	25.20	1.240	0.850	0.770
	氩气	m³	15.00	0.030	0.030	0.030
	尼龙砂轮片 φ150	片	7.60	8.660	7.140	6.520
	尼龙砂轮片 φ100	片	7.60	15.680	13.400	13.340
	炭精棒 8~12	根	1.50	31.110	26.100	23.640
	二等方木 综合	m³	1800.00	0.090	0.080	0.070
	道木	m³	1600.00	0.030	0.020	0.020
	氢氟酸 0.45	kg	5.50	0.430	0.360	0.340

	定　额　编　号			6-2-58	6-2-59	6-2-60
	项　　　　目			容积(m³)		
				6 以内	8 以内	10 以内
材料	酸洗膏	kg	25.00	6.760	5.640	5.250
	溶剂	kg	12.50	7.720	6.440	6.000
	硝酸	kg	2.90	3.430	2.860	2.760
机械	直流弧焊机 30kW	台班	103.34	11.010	9.740	9.670
	氩弧焊机 500A	台班	116.61	0.020	0.020	0.020
	等离子弧焊机 400A	台班	226.59	2.720	2.300	2.040
	电焊条烘干箱 80×80×100cm³	台班	57.04	1.100	0.970	0.970
	电焊条烘干箱 60×50×75cm³	台班	28.84	1.100	0.970	0.970
	剪板机 20mm×2500mm	台班	302.52	0.260	0.220	0.210
	卷板机 20mm×2500mm	台班	291.50	0.280	0.280	0.270
	刨边机 9000mm	台班	711.64	0.120	0.120	0.120
	立式钻床 φ35mm	台班	123.59	0.230	0.210	0.210
	电动滚胎	台班	92.00	9.260	7.770	7.420
	汽车式起重机 8t	台班	728.19	0.780	0.580	0.530
	汽车式起重机 16t	台班	1071.52	–	0.010	0.010
	电动单梁式起重机 10t	台班	356.89	1.610	1.460	1.360
	龙门式起重机 20t	台班	672.97	0.640	0.590	0.530
	载货汽车 5t	台班	507.79	0.750	0.560	0.510
	载货汽车 10t	台班	782.33	0.030	0.020	0.020
	电动空气压缩机 1m³/min	台班	146.17	2.720	2.300	2.040
	电动空气压缩机 6m³/min	台班	338.45	1.100	0.970	0.970

2. 不锈钢锥底平盖容器制作

工作内容:放样、号料、切割、坡口、压头卷弧、找圆、锥形封头制作、组对、焊接、焊缝酸洗钝化、内部附件制作、
组装、成品倒运堆放等。

单位:t

定 额 编 号			6-2-61	6-2-62	6-2-63
项 目			容积(m³)		
			1 以内	2 以内	4 以内
基 价 (元)			**20958.13**	**16955.55**	**12834.38**
其中	人 工 费 (元)		2232.00	2091.38	1935.00
	材 料 费 (元)		3805.81	3005.85	2642.65
	机 械 费 (元)		14920.32	11858.32	8256.73
名 称	单位	单价(元)	数		量
人工 综合工日	工日	75.00	29.760	27.885	25.800
材料 钢板综合	kg	3.75	40.130	38.410	33.630
电焊条 结 422 φ2.5	kg	5.04	2.250	1.830	1.480
不锈钢电焊条 302	kg	40.00	46.100	44.030	41.230
不锈钢氩弧焊丝 1Cr18Ni9Ti	kg	32.00	0.010	0.010	0.010
氧气	m³	3.60	12.680	6.170	4.590
乙炔气	m³	25.20	4.230	2.060	1.530
氩气	m³	15.00	0.030	0.030	0.030
尼龙砂轮片 φ150	片	7.60	33.500	23.380	19.040
尼龙砂轮片 φ100	片	7.60	14.310	6.560	6.140
炭精棒 8~12	根	1.50	88.770	67.470	60.630
溶剂	kg	12.50	17.680	11.880	10.160
料 道木	m³	1600.00	0.130	0.050	0.030
二等方木 综合	m³	1800.00	0.170	0.100	0.060

续前

	定 额 编 号			6-2-61	6-2-62	6-2-63
	项 目			容积(m³)		
				1 以内	2 以内	4 以内
材料	氢氟酸 0.45	kg	5.50	0.990	0.670	0.570
	酸洗膏	kg	25.00	15.490	10.410	8.900
	硝酸	kg	2.90	7.850	5.280	4.510
机	直流弧焊机 30kW	台班	103.34	20.020	18.850	16.260
	氩弧焊机 500A	台班	116.61	0.010	0.010	0.010
	电焊条烘干箱 80×80×100cm³	台班	57.04	2.200	19.490	1.650
	电焊条烘干箱 60×50×75cm³	台班	28.84	2.200	19.490	1.650
	等离子弧焊机 400A	台班	226.59	8.520	4.320	3.560
	剪板机 20mm×2500mm	台班	302.52	0.420	0.330	0.240
	卷板机 20mm×2500mm	台班	291.50	0.630	0.480	0.430
	刨边机 9000mm	台班	711.64	0.290	0.290	0.240
	立式钻床 φ35mm	台班	123.59	0.190	0.150	0.110
	油压机 1200t	台班	3341.08	0.850	0.530	0.420
	电动滚胎	台班	92.00	2.500	2.460	2.390
	汽车式起重机 8t	台班	728.19	2.590	1.620	1.000
	电动单梁式起重机 10t	台班	356.89	3.560	2.220	1.830
	龙门式起重机 20t	台班	672.97	1.330	1.020	0.920
	电动卷扬机(单筒慢速)30kN	台班	137.62	0.490	0.270	0.210
	载货汽车 5t	台班	507.79	2.070	1.400	0.980
械	载货汽车 10t	台班	782.33	0.020	0.020	0.020
	电动空气压缩机 1m³/min	台班	146.17	6.520	4.320	3.560
	电动空气压缩机 6m³/min	台班	338.45	2.900	2.190	1.650

工作内容:同前

单位:t

定 额 编 号				6-2-64	6-2-65	6-2-66
项 目				容积(m³)		
				6 以内	8 以内	10 以内
基 价 (元)				**11408.74**	**10471.18**	**9642.69**
其中	人 工 费 (元)			1803.00	1692.00	1536.00
	材 料 费 (元)			2404.24	2155.36	2051.73
	机 械 费 (元)			7201.50	6623.82	6054.96
名 称		单位	单价(元)	数		量
人工	综合工日	工日	75.00	24.040	22.560	20.480
材料	钢板综合	kg	3.75	29.950	28.440	28.250
	型钢综合	kg	4.00	–	–	5.040
	电焊条 结422 φ2.5	kg	5.04	1.140	0.930	0.700
	不锈钢电焊条302	kg	40.00	38.340	36.330	34.020
	不锈钢氩弧焊丝 1Cr18Ni9Ti	kg	32.00	0.010	0.010	0.010
	氧气	m³	3.60	3.520	2.880	2.170
	乙炔气	m³	25.20	1.170	0.960	0.720
	氩气	m³	15.00	0.030	0.030	0.030
	尼龙砂轮片 φ150	片	7.60	18.030	15.630	14.130
	尼龙砂轮片 φ100	片	7.60	5.710	5.630	5.540
	炭精棒 8~12	根	1.50	53.220	45.420	41.460
	溶剂	kg	12.50	8.650	5.660	5.580
	道木	m³	1600.00	0.030	0.020	0.020
	二等方木 综合	m³	1800.00	0.050	0.050	0.050
	氢氟酸 0.45	kg	5.50	0.480	0.320	0.310

单位:t

定 额 编 号			6-2-64	6-2-65	6-2-66
项 目			容积(m³)		
			6 以内	8 以内	10 以内
材料	酸洗膏	kg	25.00	7.580	4.960	4.890
	硝酸	kg	2.90	3.840	2.510	2.480
机	直流弧焊机 30kW	台班	103.34	15.830	14.170	12.940
	氩弧焊机 500A	台班	116.61	0.010	0.010	0.010
	电焊条烘干箱 80×80×100cm³	台班	57.04	1.630	1.420	1.290
	电焊条烘干箱 60×50×75cm³	台班	28.84	1.630	1.420	1.290
	等离子弧焊机 400A	台班	226.59	3.000	2.900	2.800
	剪板机 20mm×2500mm	台班	302.52	0.230	0.210	0.190
	卷板机 20mm×2500mm	台班	291.50	0.300	0.280	0.270
	刨边机 9000mm	台班	711.64	0.180	0.160	0.160
	立式钻床 φ35mm	台班	123.59	0.100	0.100	0.100
	油压机 1200t	台班	3341.08	0.390	0.360	0.330
	电动滚胎	台班	92.00	2.320	2.020	1.970
	汽车式起重机 8t	台班	728.19	0.730	0.650	0.500
	电动单梁式起重机 10t	台班	356.89	1.610	1.580	1.500
	龙门式起重机 20t	台班	672.97	0.640	0.620	0.590
	电动卷扬机(单筒慢速) 30kN	台班	137.62	0.200	0.180	0.170
	载货汽车 5t	台班	507.79	0.710	0.630	0.480
械	载货汽车 10t	台班	782.33	0.020	0.020	0.020
	电动空气压缩机 1m³/min	台班	146.17	3.000	2.900	2.800
	电动空气压缩机 6m³/min	台班	338.45	1.630	1.420	1.290

3. 不锈钢平底伞盖容器制作

工作内容: 放样、号料、切割、坡口、压头卷弧、找圆、伞形盖制作、组对(角钢圈与筒体组对)、焊接、焊缝酸洗钝化、内部附件制作、组装、底板真空试漏、成品倒运堆放等。

单位:t

定 额 编 号			6-2-67	6-2-68	6-2-69	6-2-70
项 目			容积(m³)			
			10 以内	15 以内	20 以内	30 以内
基 价 (元)			**8626.15**	**8264.38**	**7983.56**	**7275.88**
其中	人 工 费 (元)		1404.00	1321.50	1285.50	1197.75
	材 料 费 (元)		2165.71	2045.03	2005.04	1863.50
	机 械 费 (元)		5056.44	4897.85	4693.02	4214.63
名 称	单位	单价(元)	数		量	
人工 综合工日	工日	75.00	18.720	17.620	17.140	15.970
材料 钢板综合	kg	3.75	37.580	36.240	32.150	28.060
型钢综合	kg	4.00	5.240	5.000	4.810	3.230
电焊条 结 422 φ2.5	kg	5.04	2.610	2.520	2.150	2.010
不锈钢电焊条 302	kg	40.00	32.530	30.470	30.330	29.270
不锈钢氩弧焊丝 1Cr18Ni9Ti	kg	32.00	0.010	0.010	0.010	0.010
氧气	m³	3.60	2.380	2.060	1.880	1.490
乙炔气	m³	25.20	0.800	0.690	0.630	0.500
氩气	m³	15.00	0.030	0.030	0.030	0.030
尼龙砂轮片 φ150	片	7.60	3.560	3.410	3.350	3.160
尼龙砂轮片 φ100	片	7.60	15.690	14.810	14.360	12.530
炭精棒 8～12	根	1.50	28.890	27.240	26.220	25.650
二等方木 综合	m³	1800.00	0.060	0.060	0.060	0.060
道木	m³	1600.00	0.030	0.030	0.030	0.030
钢轨 43kg/m	kg	5.30	3.410	3.350	3.300	2.040

单位:t

定 额 编 号			6-2-67	6-2-68	6-2-69	6-2-70
项 目			容积(m³)			
			10 以内	15 以内	20 以内	30 以内
材 料	氢氟酸 0.45	kg	5.50	0.460	0.430	0.420	0.340
	酸洗膏	kg	25.00	7.210	6.790	6.580	5.380
	溶剂	kg	12.50	8.230	7.750	7.510	6.150
	硝酸	kg	2.90	3.660	3.440	3.340	2.730
机 械	直流弧焊机 30kW	台班	103.34	12.270	11.850	11.740	11.500
	氩弧焊机 500A	台班	116.61	0.020	0.020	0.020	0.020
	等离子弧焊机 400A	台班	226.59	2.430	2.350	2.250	2.050
	电焊条烘干箱 80×80×100cm³	台班	57.04	1.230	1.190	1.170	1.150
	电焊条烘干箱 60×50×75cm³	台班	28.84	1.230	1.190	1.170	1.150
	剪板机 20mm×2500mm	台班	302.52	0.210	0.180	0.170	0.160
	卷板机 20mm×2500mm	台班	291.50	0.310	0.300	0.290	0.200
	刨边机 9000mm	台班	711.64	0.220	0.180	0.110	0.100
	立式钻床 φ35mm	台班	123.59	0.220	0.220	0.210	0.200
	电动滚胎	台班	92.00	2.140	2.130	2.130	2.050
	汽车式起重机 8t	台班	728.19	0.560	0.030	0.020	0.020
	汽车式起重机 10t	台班	798.48	-	0.520	0.470	0.300
	电动单梁式起重机 10t	台班	356.89	1.770	1.650	1.640	1.380
	龙门式起重机 20t	台班	672.97	0.700	0.680	0.670	0.650
	载货汽车 5t	台班	507.79	0.520	0.520	0.470	0.290
	载货汽车 10t	台班	782.33	0.030	0.030	0.020	0.030
	真空泵 204m³/h	台班	257.92	0.100	0.100	0.100	0.100
	电动空气压缩机 1m³/min	台班	146.17	2.430	2.350	2.250	2.050
	电动空气压缩机 6m³/min	台班	338.45	1.230	1.190	1.170	1.150

工作内容:同前

定 额 编 号			6-2-71	6-2-72	6-2-73	6-2-74
项 目			容积(m³)			
			40 以内	50 以内	60 以内	80 以内
基 价 (元)			**7072.09**	**6726.99**	**6289.99**	**6109.23**
其中	人 工 费 (元)		1153.13	1082.25	1046.63	1012.13
	材 料 费 (元)		1812.44	1789.30	1770.12	1742.81
	机 械 费 (元)		4106.52	3855.44	3473.24	3354.29
名 称	单位	单价(元)	数		量	
人工 综合工日	工日	75.00	15.375	14.430	13.955	13.495
材料 钢板综合	kg	3.75	25.950	22.080	18.790	15.980
型钢综合	kg	4.00	3.230	3.230	3.230	3.230
电焊条 结 422 φ2.5	kg	5.04	1.930	1.930	1.820	1.820
不锈钢电焊条 302	kg	40.00	28.680	28.650	28.630	28.460
不锈钢氩弧焊丝 1Cr18Ni9Ti	kg	32.00	0.010	0.010	0.010	0.010
氧气	m³	3.60	1.260	1.100	1.000	0.850
乙炔气	m³	25.20	0.420	0.370	0.340	0.280
氩气	m³	15.00	0.030	0.030	0.030	0.030
尼龙砂轮片 φ150	片	7.60	2.830	2.700	2.560	2.380
尼龙砂轮片 φ100	片	7.60	12.100	12.020	11.910	11.800
炭精棒 8~12	根	1.50	25.650	25.650	25.650	25.650
二等方木 综合	m³	1800.00	0.060	0.060	0.060	0.060
料 道木	m³	1600.00	0.030	0.030	0.030	0.030
钢轨 43kg/m	kg	5.30	1.780	1.720	1.470	1.250
氢氟酸 0.45	kg	5.50	0.330	0.320	0.320	0.320

定 额 编 号			6-2-71	6-2-72	6-2-73	6-2-74
项 目			容积(m³)			
			40 以内	50 以内	60 以内	80 以内
材料	酸洗膏	kg	25.00	5.160	5.070	5.040	4.930
	溶剂	kg	12.50	5.890	5.790	5.760	5.630
	硝酸	kg	2.90	2.610	2.570	2.560	2.500
机械	直流弧焊机 30kW	台班	103.34	10.960	10.510	10.250	10.000
	氩弧焊机 500A	台班	116.61	0.020	0.020	0.020	0.020
	等离子弧焊机 400A	台班	226.59	1.860	1.600	1.340	1.330
	电焊条烘干箱 80×80×100cm³	台班	57.04	1.100	1.050	1.030	1.000
	电焊条烘干箱 60×50×75cm³	台班	28.84	1.100	1.050	1.030	1.000
	剪板机 20mm×2500mm	台班	302.52	0.140	0.120	0.110	0.090
	卷板机 20mm×2500mm	台班	291.50	0.190	0.180	0.130	0.120
	刨边机 9000mm	台班	711.64	0.100	0.090	0.080	0.080
	立式钻床 φ35mm	台班	123.59	0.200	0.200	0.190	0.190
	电动滚胎	台班	92.00	2.020	2.000	1.960	1.920
	汽车式起重机 8t	台班	728.19	0.020	0.020	－	－
	汽车式起重机 20t	台班	1205.93	0.260	0.260	0.190	0.180
	电动单梁式起重机 10t	台班	356.89	1.370	1.310	1.290	1.270
	龙门式起重机 20t	台班	672.97	0.550	0.480	0.420	0.360
	载货汽车 10t	台班	782.33	0.280	0.280	0.190	0.180
	真空泵 204m³/h	台班	257.92	0.100	0.100	0.100	0.100
	电动空气压缩机 1m³/min	台班	146.17	1.860	1.600	1.340	1.330
	电动空气压缩机 6m³/min	台班	338.45	1.100	1.050	1.020	1.000

4.不锈钢双椭圆封头容器制作

工作内容:放样、号料、切割、坡口、压头卷弧、找圆、封头制作、组对、焊接、焊缝酸洗钝化、内部附件制作、组装、成品堆放等。 单位:t

定 额 编 号			6-2-75	6-2-76	6-2-77	6-2-78	6-2-79	6-2-80
项 目			容积(m³)					
			0.5 以内	1 以内	2 以内	5 以内	10 以内	20 以内
基 价 (元)			**32477.91**	**25931.75**	**19455.06**	**14833.50**	**13356.50**	**9755.74**
其中	人 工 费 (元)		2861.25	2508.75	2141.25	1900.50	1691.63	1488.00
	材 料 费 (元)		3478.44	2974.94	2534.07	2137.60	1974.23	1801.83
	机 械 费 (元)		26138.22	20448.06	14779.74	10795.40	9690.64	6465.91
名 称	单位	单价(元)	数			量		
人工 综合工日	工日	75.00	38.150	33.450	28.550	25.340	22.555	19.840
材料 钢板综合	kg	3.75	34.750	32.680	27.400	21.560	16.080	14.510
型钢综合	kg	4.00	–	–	–	–	–	3.100
电焊条 结422 φ2.5	kg	5.04	7.420	6.130	4.890	3.770	2.720	1.760
不锈钢电焊条 302	kg	40.00	48.390	42.070	38.570	34.100	32.990	31.120
不锈钢氩弧焊丝 1Cr18Ni9Ti	kg	32.00	0.020	0.020	0.020	0.020	0.020	0.020
氧气	m³	3.60	8.590	7.020	4.990	2.970	2.300	1.030
乙炔气	m³	25.20	2.860	2.340	1.660	0.990	0.770	0.340
氩气	m³	15.00	0.060	0.060	0.060	0.060	0.060	0.060
尼龙砂轮片 φ100	片	7.60	25.220	21.940	18.640	12.810	11.780	11.620
尼龙砂轮片 φ150	片	7.60	12.250	11.570	10.380	9.200	7.440	4.770
炭精棒 8~12	根	1.50	68.210	58.100	49.070	38.310	30.300	28.170
道木	m³	1600.00	0.100	0.070	0.040	0.040	0.030	0.020
二等方木 综合	m³	1800.00	0.180	0.140	0.100	0.080	0.070	0.060
溶剂	kg	12.50	11.070	9.620	7.330	5.640	5.150	4.450
氢氟酸 0.45	kg	5.50	0.620	0.540	0.410	0.320	0.290	0.250

定 额 编 号			6-2-75	6-2-76	6-2-77	6-2-78	6-2-79	6-2-80
项 目			容积(m³)					
			0.5 以内	1 以内	2 以内	5 以内	10 以内	20 以内
材料	酸洗膏	kg	25.00	9.700	8.430	6.420	4.950	4.510	3.900
	硝酸	kg	2.90	4.910	4.270	3.260	2.510	2.290	1.980
	石墨粉	kg	0.66	1.490	1.110	0.830	0.820	0.780	0.710
机	直流弧焊机 30kW	台班	103.34	25.610	20.740	16.900	12.390	10.810	10.380
	氩弧焊机 500A	台班	116.61	0.030	0.030	0.030	0.030	0.030	0.030
	电焊条烘干箱 80×80×100cm³	台班	57.04	2.560	2.070	1.690	1.260	1.080	1.040
	电焊条烘干箱 60×50×75cm³	台班	28.84	2.560	2.070	1.690	1.260	1.080	1.040
	等离子弧焊机 400A	台班	226.59	6.350	5.840	4.430	4.000	3.180	2.120
	剪板机 20mm×2500mm	台班	302.52	0.370	0.300	0.220	0.170	0.150	0.140
	卷板机 20mm×2500mm	台班	291.50	0.520	0.400	0.380	0.270	0.260	0.240
	刨边机 9000mm	台班	711.64	0.290	0.260	0.260	0.250	0.250	0.230
	立式钻床 ϕ35mm	台班	123.59	0.640	0.590	0.570	0.530	0.480	0.440
	油压机 1200t	台班	3341.08	3.490	2.650	1.830	1.220	1.140	0.580
	电动滚胎	台班	92.00	4.010	3.710	3.260	3.120	2.970	2.780
	汽车式起重机 8t	台班	728.19	3.140	2.220	1.320	0.730	0.450	0.020
	汽车式起重机 10t	台班	798.48	—	—	—	—	0.290	0.260
	电动单梁式起重机 10t	台班	356.89	6.610	4.930	3.640	3.020	2.350	1.940
	龙门式起重机 20t	台班	672.97	1.540	1.290	1.100	1.040	0.940	0.850
械	载货汽车 5t	台班	507.79	3.100	2.180	1.290	0.700	0.450	0.260
	载货汽车 10t	台班	782.33	0.040	0.040	0.030	0.030	0.290	0.020
	电动空气压缩机 1m³/min	台班	146.17	6.350	5.840	4.430	4.000	3.180	2.120
	电动空气压缩机 6m³/min	台班	338.45	3.060	2.670	2.090	1.440	1.080	1.040

定　额　编　号			6-2-81	6-2-82	6-2-83	6-2-84
项　　　　　　目			容积(m³)			
			40 以内	60 以内	80 以内	100 以内
基　　　　价　　（元）			**8752.02**	**6688.19**	**6340.43**	**6068.25**
其中	人　工　费　（元）		1405.88	1189.50	1174.88	1161.38
	材　料　费　（元）		1709.84	1202.08	1162.41	1115.10
	机　械　费　（元）		5636.30	4296.61	4003.14	3791.77
名　　　　　称	单位	单价(元)	数		量	
人工 综合工日	工日	75.00	18.745	15.860	15.665	15.485
材料 钢板综合	kg	3.75	14.080	13.760	13.430	12.070
型钢综合	kg	4.00	3.100	3.350	3.350	3.350
电焊条 结 422 φ2.5	kg	5.04	1.390	0.850	0.720	0.640
不锈钢电焊条 302	kg	40.00	30.020	12.600	11.960	11.460
不锈钢埋弧焊丝	kg	28.00	－	7.280	7.240	7.200
不锈钢氩弧焊丝 1Cr18Ni9Ti	kg	32.00	0.020	0.010	0.010	0.010
埋弧焊剂	kg	3.20	－	10.920	10.860	10.790
氧气	m³	3.60	0.800	0.510	0.430	0.390
乙炔气	m³	25.20	0.270	0.170	0.140	0.130
氩气	m³	15.00	0.060	0.030	0.030	0.030
尼龙砂轮片 φ100	片	7.60	11.530	11.240	11.230	11.230

定 额 编 号				6-2-81	6-2-82	6-2-83	6-2-84
项 目				容积(m³)			
				40 以内	60 以内	80 以内	100 以内
材	尼龙砂轮片 φ150	片	7.60	4.540	4.300	4.300	4.290
	炭精棒 8~12	根	1.50	28.200	26.700	24.900	24.900
	石墨粉	kg	0.66	0.560	0.360	0.350	0.320
	二等方木 综合	m³	1800.00	0.060	0.050	0.050	0.040
	道木	m³	1600.00	0.010	0.010	0.010	0.010
	溶剂	kg	12.50	3.800	3.460	3.100	3.030
	酸洗膏	kg	25.00	3.330	2.800	2.720	2.650
	氢氟酸 0.45	kg	5.50	0.210	0.190	0.170	0.170
料	硝酸	kg	2.90	1.690	1.530	1.380	1.340
	钢丝绳 股丝 (6~7)×19 φ=15.5	m	4.06	–	–	–	0.190
机	直流弧焊机 30kW	台班	103.34	9.980	4.850	4.510	4.300
	自动埋弧焊机 1500A	台班	433.46	–	0.360	0.350	0.350
	氩弧焊机 500A	台班	116.61	0.030	0.030	0.030	0.030
	电焊条烘干箱 80×80×100cm³	台班	57.04	1.000	0.490	0.450	0.430
械	电焊条烘干箱 60×50×75cm³	台班	28.84	1.000	0.490	0.450	0.430
	等离子弧焊机 400A	台班	226.59	1.990	1.870	1.750	1.640

续前

定额编号			6-2-81	6-2-82	6-2-83	6-2-84
项目			容积(m³)			
			40 以内	60 以内	80 以内	100 以内
机	剪板机 20mm×2500mm	台班	302.52	0.140	0.140	0.140	0.130
	卷板机 20mm×2500mm	台班	291.50	0.200	0.190	0.170	0.170
	刨边机 9000mm	台班	711.64	0.200	0.170	0.140	0.140
	立式钻床 φ35mm	台班	123.59	0.430	0.420	0.420	0.420
	电动滚胎	台班	92.00	2.680	2.590	2.550	2.500
	汽车式起重机 8t	台班	728.19	0.020	0.020	0.020	0.020
	汽车式起重机 10t	台班	798.48	0.090	–	–	–
	汽车式起重机 20t	台班	1205.93	0.080	0.050	0.050	0.050
	汽车式起重机 25t	台班	1269.11	–	0.050	0.040	0.040
	电动单梁式起重机 10t	台班	356.89	1.930	1.920	1.910	1.880
	龙门式起重机 20t	台班	672.97	0.680	0.570	0.460	0.410
	载货汽车 5t	台班	507.79	0.080	–	–	–
	载货汽车 10t	台班	782.33	0.110	0.070	0.020	0.030
	载货汽车 15t	台班	1159.71	–	0.050	0.080	0.040
	平板拖车组 20t	台班	1264.92	–	–	–	0.040
械	电动空气压缩机 1m³/min	台班	146.17	1.990	1.870	1.750	1.640
	电动空气压缩机 6m³/min	台班	338.45	1.000	0.490	0.450	0.430
	油压机 1200t	台班	3341.08	0.430	0.270	0.250	0.220

五、碳钢填料塔、筛板塔、浮阀塔制作

1. 碳钢填料塔制作

工作内容: 放样、号料、切割、坡口、打头、滚圆、找圆、头盖打凸翻边及组对焊接等。

单位:t

定 额 编 号			6-2-85	6-2-86	6-2-87	6-2-88
项 目			重量(t)			
			0.5 以下	2.5 以下	6.0 以下	10.0 以下
基 价 (元)			**12895.88**	**11864.50**	**11195.38**	**10250.25**
其中	人 工 费 (元)		2235.00	2160.00	2013.75	1807.50
	材 料 费 (元)		5699.86	5611.18	5459.80	5332.98
	机 械 费 (元)		4961.02	4093.32	3721.83	3109.77
名 称	单位	单价(元)	数		量	
人工 综合工日	工日	75.00	29.800	28.800	26.850	24.100
材料 钢材	kg	3.90	1150.000	1150.000	1150.000	1150.000
电焊条 结 422 φ2.5	kg	5.04	51.000	49.600	47.700	45.150
氧气	m³	3.60	19.400	18.600	17.200	15.500
乙炔气	m³	25.20	6.470	6.200	5.730	5.170
石棉橡胶板 低压 0.8~1.0	kg	13.20	0.520	0.460	0.380	0.300
炭精棒 8~12	根	1.50	19.500	18.400	16.400	14.200
二等方木 综合	m³	1800.00	0.042	0.040	0.037	0.029
型钢综合	kg	4.00	92.000	79.500	58.600	48.200
木柴	kg	0.95	14.500	13.500	11.500	9.400
焦炭	kg	1.50	145.000	135.000	115.000	94.000
其他材料费	元	—	13.950	14.000	14.030	14.150
机械 电动空气压缩机 6m³/min	台班	338.45	0.920	0.880	0.820	0.760
电动空气压缩机 0.6m³/min	台班	130.54	0.920	0.880	0.820	0.760

定 额 编 号			6-2-85	6-2-86	6-2-87	6-2-88
项 目			重量(t)			
			0.5 以下	2.5 以下	6.0 以下	10.0 以下
机	直流弧焊机 30kW	台班	103.34	0.920	0.880	0.820	0.760
	交流弧焊机 32kV·A	台班	96.61	10.500	10.000	9.000	7.800
	剪板机 20mm×2500mm	台班	302.52	0.200	0.180	0.170	0.160
	卷板机 30mm×3000mm	台班	563.46	0.340	0.320	0.290	0.260
	刨边机 12000mm	台班	777.63	0.440	0.410	0.370	0.320
	龙门式起重机 5t	台班	276.19	0.650	0.610	0.550	0.480
	电动单梁式起重机 10t	台班	356.89	0.640	0.590	0.540	0.480
	摩擦压力机 1600kN	台班	394.86	0.310	0.290	0.260	0.220
	油压机 800t	台班	1731.15	0.121	0.109	0.091	0.073
	立式车床 φ=2.0m	台班	180.86	0.219	0.204	0.185	0.157
	立式钻床 φ25mm	台班	118.20	0.230	0.200	0.180	0.150
	摇臂钻床 φ63mm	台班	175.00	0.520	0.500	0.420	0.350
	普通车床 630mm×2000mm	台班	187.70	1.600	1.290	1.130	0.950
	普通车床 660mm×2000mm	台班	222.66	0.870	0.800	0.660	0.510
	叉式装载机 3t	台班	134.00	0.121	0.109	0.091	0.073
	箱式加热炉 RJX-75-9	台班	241.06	0.090	0.079	0.070	0.050
	电动滚胎	台班	92.00	2.790	2.360	1.820	1.450
	载货汽车 8t	台班	619.25	0.550	0.250	0.140	0.086
械	平板拖车组 20t	台班	1264.92	–	–	0.071	0.048
	汽车式起重机 16t	台班	1071.52	0.550	0.250	0.140	0.086
	汽车式起重机 40t	台班	1811.86	–	–	0.071	0.048
	牛头刨床 650m	台班	132.71	1.580	1.100	1.030	0.850

工作内容：同前

单位：t

定　额　编　号			6-2-89	6-2-90	6-2-91	6-2-92
项　　　　　目			重量（t）			
			16 以下	24 以下	35 以下	50 以下
基　　　价　（元）			**9368.11**	**8923.93**	**8457.90**	**7811.70**
其中	人　工　费　（元）		1575.00	1357.50	1207.50	975.00
	材　料　费　（元）		5226.64	5110.61	5017.23	4910.35
	机　械　费　（元）		2566.47	2455.82	2233.17	1926.35
名　　　　　称	单位	单价（元）	数　　　　　　　量			
人工	综合工日	工日	75.00	21.000	18.100	16.100	13.000
材料	钢材	kg	3.90	1150.000	1150.000	1150.000	1150.000
	电焊条 结422 φ2.5	kg	5.04	42.300	38.400	35.240	31.200
	氧气	m³	3.60	14.000	12.300	10.900	8.000
	乙炔气	m³	25.20	4.670	4.100	3.630	2.670
	石棉橡胶板 低压 0.8～1.0	kg	13.20	0.240	0.210	0.160	0.100
	炭精棒 8～12	根	1.50	12.950	11.880	11.200	10.150
	二等方木 综合	m³	1800.00	0.024	0.018	0.015	0.013
	型钢综合	kg	4.00	39.000	30.400	24.200	17.500
	木柴	kg	0.95	7.800	6.000	4.200	3.000
	焦炭	kg	1.50	78.000	60.000	42.000	30.000
	其他材料费	元	－	14.160	14.180	14.200	14.220
机械	电动空气压缩机 6m³/min	台班	338.45	0.700	0.670	0.650	0.630
	直流弧焊机 30kW	台班	103.34	0.700	0.670	0.650	5.600
	交流弧焊机 32kV·A	台班	96.61	7.000	6.200	5.900	0.340
	剪板机 20mm×2500mm	台班	302.52	0.140	0.120	0.110	0.100

续前

定 额 编 号			6-2-89	6-2-90	6-2-91	6-2-92
项 目			重量(t)			
			16 以下	24 以下	35 以下	50 以下
机	卷板机 30mm×3000mm	台班	563.46	0.230	0.220	0.190	0.150
	刨边机 12000mm	台班	777.63	0.280	0.260	0.250	0.240
	龙门式起重机 5t	台班	276.19	0.420	0.400	0.360	0.150
	电动单梁式起重机 10t	台班	356.89	0.420	0.380	0.360	0.310
	摩擦压力机 1600kN	台班	394.86	0.190	0.180	0.170	0.160
	油压机 800t	台班	1731.15	0.054	0.046	0.032	0.024
	立式车床 φ=2.0m	台班	180.86	0.130	0.107	0.082	–
	立式钻床 φ25mm	台班	118.20	0.120	0.110	0.090	0.070
	摇臂钻床 φ63mm	台班	175.00	0.300	0.240	0.220	0.150
	普通车床 630mm×2000mm	台班	187.70	0.670	0.630	0.520	0.380
	普通车床 660mm×2000mm	台班	222.66	0.380	0.250	0.200	0.140
	叉式装载机 3t	台班	134.00	0.054	0.046	0.032	0.024
	箱式加热炉 RJX-75-9	台班	241.06	0.031	0.026	0.032	0.015
	电动滚胎	台班	92.00	1.170	1.080	1.020	0.890
	载货汽车 8t	台班	619.25	0.072	0.058	0.054	0.046
	平板拖车组 20t	台班	1264.92	0.042	–	–	–
	汽车式起重机 16t	台班	1071.52	0.072	0.058	0.054	0.046
	汽车式起重机 40t	台班	1811.86	0.042	–	–	–
械	牛头刨床 650m	台班	132.71	0.570	0.530	0.510	0.380
	汽车式起重机 75t	台班	5403.15	–	0.035	0.028	0.024
	平板拖车组 60t	台班	2186.44	–	0.035	0.028	0.024
	其他机械费	元	–	7.340	7.490	7.390	7.290

2. 碳钢筛板塔制作

工作内容: 放样、号料、切割、坡口、打头、滚圆、找圆、头盖打凸翻边及组对焊接等。

单位:t

定 额 编 号			6-2-93	6-2-94	6-2-95	6-2-96
项 目			重量(t)			
			0.5 以下	2.5 以下	6 以下	10 以下
基 价 (元)			14385.51	13321.03	12472.55	11477.11
其中	人 工 费 (元)		2722.50	2610.00	2412.00	2148.75
	材 料 费 (元)		5795.77	5680.23	5531.26	5399.66
	机 械 费 (元)		5867.24	5030.80	4529.29	3928.70
名 称	单位	单价(元)	数		量	
人工 综合工日	工日	75.00	36.300	34.800	32.160	28.650
材料 钢材	kg	3.90	1180.000	1180.000	1180.000	1180.000
电焊条 结422 φ2.5	kg	5.04	48.400	46.800	43.200	39.200
氧气	m³	3.60	20.900	20.300	19.000	17.300
乙炔气	m³	25.20	6.970	6.770	6.330	5.730
石棉橡胶板 低压 0.8~1.0	kg	13.20	0.720	0.620	0.520	0.470
炭精棒 8~12	根	1.50	18.600	17.800	16.200	14.100
二等方木 综合	m³	1800.00	0.043	0.041	0.038	0.030
型钢综合	kg	4.00	102.100	81.510	61.400	50.800
木柴	kg	0.95	10.140	9.420	7.800	5.940
料 焦炭	kg	1.50	101.400	94.000	78.000	59.400
其他材料费	元	—	14.010	14.000	14.040	14.120
机 半自动切割机 100mm	台班	96.23	0.756	0.734	0.692	0.638
电动空气压缩机 6m³/min	台班	338.45	0.880	0.810	0.760	0.690
械 直流弧焊机 30kW	台班	103.34	0.880	0.810	0.760	0.690

续前

单位:t

定 额 编 号			6-2-93	6-2-94	6-2-95	6-2-96
项 目			重量(t)			
			0.5 以下	2.5 以下	6 以下	10 以下
机	交流弧焊机 32kV・A	台班	96.61	10.850	10.500	10.200	9.540
	剪板机 20mm×2500mm	台班	302.52	0.220	0.210	0.198	0.193
	卷板机 30mm×3000mm	台班	563.46	0.340	0.325	0.290	0.260
	刨边机 12000mm	台班	777.63	0.420	0.400	0.360	0.320
	龙门式起重机 5t	台班	276.19	0.610	0.590	0.540	0.490
	电动单梁式起重机 10t	台班	356.89	0.640	0.610	0.560	0.510
	摩擦压力机 1600kN	台班	394.86	0.270	0.264	0.252	0.236
	油压机 800t	台班	1731.15	0.129	0.121	0.108	0.157
	立式钻床 φ25mm	台班	118.20	0.380	0.360	0.320	0.267
	摇臂钻床 φ63mm	台班	175.00	7.800	7.100	5.600	4.350
	普通车床 630mm×2000mm	台班	187.70	0.870	0.800	0.660	0.510
	普通车床 660mm×2000mm	台班	222.66	0.372	0.357	0.325	0.282
	叉式装载机 3t	台班	134.00	0.129	0.121	0.108	0.090
	箱式加热炉 RJX-75-9	台班	241.06	0.096	0.083	0.072	0.052
	电动滚胎	台班	92.00	2.880	2.390	1.860	1.490
	载货汽车 8t	台班	619.25	0.550	0.250	0.140	0.086
	平板拖车组 20t	台班	1264.92	–		0.071	0.048
械	汽车式起重机 16t	台班	1071.52	0.550	0.250	0.150	0.086
	汽车式起重机 40t	台班	1811.86	–	–	0.071	0.048
	牛头刨床 650m	台班	132.71	0.880	0.800	0.650	0.520
	立式车床 φ=2.0m	台班	180.86	0.209	0.200	0.186	0.164

工作内容:同前

定　额　编　号			6-2-97	6-2-98	6-2-99	6-2-100
项　　　　　目			重量(t)			
			16 以下	24 以下	35 以下	50 以下
基　　　价　（元）			**10422.27**	**9660.77**	**9134.50**	**8142.79**
其中	人　工　费　（元）		1867.50	1552.50	1290.00	1035.00
	材　料　费　（元）		5280.85	5165.00	5095.64	4991.81
	机　械　费　（元）		3273.92	2943.27	2748.86	2115.98
名　　　　　称	单位	单价(元)	数		量	
人工 综合工日	工日	75.00	24.900	20.700	17.200	13.800
材料	钢材	kg	3.90	1180.000	1180.000	1180.000	1180.000
	电焊条 结 422 ϕ2.5	kg	5.04	35.800	32.300	30.200	26.500
	氧气	m³	3.60	15.500	13.400	11.900	9.000
	乙炔气	m³	25.20	5.170	4.470	3.970	3.000
	石棉橡胶板 低压 0.8~1.0	kg	13.20	0.320	0.250	0.210	0.140
	炭精棒 8~12	根	1.50	12.300	10.500	9.500	8.800
	二等方木 综合	m³	1800.00	0.024	0.018	0.015	0.013
	型钢综合	kg	4.00	40.720	31.200	25.600	18.610
	木柴	kg	0.95	4.350	3.060	2.370	1.320
	焦炭	kg	1.50	43.500	30.600	23.700	13.200
	其他材料费	元	—	14.200	14.270	14.320	14.310
机械	半自动切割机 100mm	台班	96.23	0.588	0.532	0.494	0.428
	电动空气压缩机 6m³/min	台班	338.45	0.650	0.620	0.600	0.580
	直流弧焊机 30kW	台班	103.34	0.650	0.620	0.600	0.580
	交流弧焊机 32kV·A	台班	96.61	9.030	8.450	7.680	6.330

续前

定 额 编 号			6-2-97	6-2-98	6-2-99	6-2-100
项 目			重量(t)			
			16 以下	24 以下	35 以下	50 以下
机	剪板机 20mm×2500mm	台班	302.52	0.188	0.181	0.174	0.163
	卷板机 30mm×3000mm	台班	563.46	0.230	0.220	0.190	0.140
	刨边机 12000mm	台班	777.63	0.280	0.250	0.240	0.230
	龙门式起重机 5t	台班	276.19	0.450	0.420	0.370	0.270
	电动单梁式起重机 10t	台班	356.89	0.470	0.430	0.410	0.390
	摩擦压力机 1600kN	台班	394.86	0.218	0.198	0.178	0.128
	油压机 800t	台班	1731.15	0.072	0.054	0.044	0.029
	立式车床 φ=2.0m	台班	180.86	0.145	0.116	0.960	0.082
	立式钻床 φ25mm	台班	118.20	0.214	0.160	0.120	0.070
	摇臂钻床 φ63mm	台班	175.00	3.100	1.950	-1.450	0.800
	普通车床 630mm×2000mm	台班	187.70	0.380	0.255	0.200	0.140
	普通车床 660mm×2000mm	台班	222.66	0.240	0.192	0.155	0.095
	叉式装载机 3t	台班	134.00	0.072	0.054	0.044	0.029
	箱式加热炉 RJX-75-9	台班	241.06	0.033	0.027	0.022	0.015
	电动滚胎	台班	92.00	1.200	1.100	1.020	0.880
	载货汽车 8t	台班	619.25	0.072	0.058	0.054	0.046
	平板拖车组 20t	台班	1264.92	0.042	–	–	–
	汽车式起重机 16t	台班	1071.52	0.072	0.058	0.054	0.046
	汽车式起重机 40t	台班	1811.86	0.042	–	–	–
械	牛头刨床 650m	台班	132.71	0.400	0.280	0.230	0.200
	汽车式起重机 75t	台班	5403.15	–	0.035	0.028	0.024
	平板拖车组 60t	台班	2186.44	–	0.035	0.028	0.024

3. 碳钢浮阀塔制作

工作内容:放样、号料、切割、坡口、打头、滚圆、找圆、头盖打凸翻边及组对焊接等。

单位:t

定 额 编 号			6-2-101	6-2-102	6-2-103	6-2-104
项 目			重量(t)			
			0.5 以下	2.5 以下	6 以下	10 以下
基 价 (元)			**13953.84**	**12955.22**	**12199.22**	**11300.78**
其中	人 工 费 (元)		2235.00	2160.00	2013.75	1807.50
	材 料 费 (元)		5899.83	5791.88	5544.17	5417.07
	机 械 费 (元)		5819.01	5003.34	4641.30	4076.21
名 称	单位	单价(元)	数		量	
人工 综合工日	工日	75.00	29.800	28.800	26.850	24.100
材料 钢材	kg	3.90	1200.000	1200.000	1200.000	1200.000
电焊条 结 422 φ2.5	kg	5.04	50.350	49.210	45.360	43.160
氧气	m³	3.60	23.600	22.720	19.820	16.920
乙炔气	m³	25.20	7.870	7.570	6.610	5.640
石棉橡胶板 低压 0.8~1.0	kg	13.20	0.690	0.610	0.410	0.320
炭精棒 8~12	根	1.50	17.200	16.170	13.210	11.950
二等方木 综合	m³	1800.00	0.046	0.044	0.033	0.026
型钢综合	kg	4.00	96.500	78.050	50.210	40.180
木柴	kg	0.95	10.340	9.620	6.140	4.550
料 焦炭	kg	1.50	103.400	96.200	61.400	45.500
其他材料费	元	—	14.150	14.160	14.230	14.260
机械 电动空气压缩机 6m³/min	台班	338.45	0.900	0.870	0.800	0.750
直流弧焊机 30kW	台班	103.34	0.900	0.870	0.800	0.750

单位:t

定　额　编　号			6-2-101	6-2-102	6-2-103	6-2-104
项　　　　　目			重量(t)			
			0.5 以下	2.5 以下	6 以下	10 以下
机	交流弧焊机 32kV·A	台班	96.61	11.200	11.010	10.520	9.980
	剪板机 20mm×2500mm	台班	302.52	0.670	0.640	0.610	0.580
	卷板机 30mm×3000mm	台班	563.46	0.350	0.340	0.320	0.290
	刨边机 12000mm	台班	777.63	0.440	0.420	0.370	0.330
	龙门式起重机 5t	台班	276.19	0.720	0.680	0.640	0.590
	电动单梁式起重机 10t	台班	356.89	0.660	0.640	0.580	0.520
	摩擦压力机 1600kN	台班	394.86	0.900	0.870	0.840	0.790
	油压机 800t	台班	1731.15	0.125	0.118	0.106	0.088
	立式钻床 φ25mm	台班	118.20	0.720	0.670	0.610	0.530
	立式车床 φ=2.0m	台班	180.86	0.228	0.220	0.204	0.186
	摇臂钻床 φ63mm	台班	175.00	3.650	3.420	2.980	2.590
	普通车床 630mm×2000mm	台班	187.70	1.410	1.090	0.950	0.790
	普通车床 660mm×2000mm	台班	222.66	0.680	0.660	0.620	0.570
	叉式装载机 3t	台班	134.00	0.125	0.118	0.106	0.088
	箱式加热炉 RJX-75-9	台班	241.06	0.094	0.082	0.071	0.051
	电动滚胎	台班	92.00	2.900	2.400	1.890	1.510
械	载货汽车 8t	台班	619.25	0.550	0.250	0.140	0.086
	平板拖车组 20t	台班	1264.92	-	-	0.071	0.048
	汽车式起重机 16t	台班	1071.52	0.550	0.250	0.140	0.086
	汽车式起重机 40t	台班	1811.86	-	-	0.071	0.048
	牛头刨床 650m	台班	132.71	1.310	0.990	0.850	0.690

工作内容:同前

定 额 编 号			6-2-105	6-2-106	6-2-107	6-2-108
项 目			重量(t)			
			16 以下	24 以下	35 以下	50 以下
基 价 (元)			**10548.38**	**10014.67**	**9384.86**	**8578.96**
其中	人 工 费 (元)		1575.00	1357.50	1207.50	975.00
	材 料 费 (元)		5417.07	5307.31	5232.52	5134.60
	机 械 费 (元)		3556.31	3349.86	2944.84	2469.36
名 称	单位	单价(元)	数		量	
人工 综合工日	工日	75.00	21.000	18.100	16.100	13.000
材料 钢材	kg	3.90	1200.000	1200.000	1200.000	1200.000
电焊条 结422 φ2.5	kg	5.04	43.160	41.280	39.870	37.910
氧气	m³	3.60	16.920	14.720	12.150	9.120
乙炔气	m³	25.20	5.640	4.910	4.050	3.040
石棉橡胶板 低压 0.8~1.0	kg	13.20	0.320	0.250	0.210	0.140
炭精棒 8~12	根	1.50	11.950	10.880	10.340	9.250
二等方木 综合	m³	1800.00	0.026	0.020	0.017	0.015
型钢综合	kg	4.00	40.180	30.150	25.000	18.200
木柴	kg	0.95	4.550	3.260	2.670	1.520
焦炭	kg	1.50	45.500	32.600	26.700	15.200
其他材料费	元	—	14.260	14.320	14.310	14.330
机械 电动空气压缩机 6m³/min	台班	338.45	0.690	0.660	0.650	0.630
直流弧焊机 30kW	台班	103.34	0.690	0.660	0.650	0.630
交流弧焊机 32kV·A	台班	96.61	9.410	8.500	7.700	6.790
剪板机 20mm×2500mm	台班	302.52	0.530	0.460	0.390	0.280

定　额　编　号			6-2-105	6-2-106	6-2-107	6-2-108
项　　　　　目			重量（t）			
			16 以下	24 以下	35 以下	50 以下
机	卷板机 30mm×3000mm	台班	563.46	0.260	0.230	0.190	0.140
	刨边机 12000mm	台班	777.63	0.290	0.240	0.220	0.190
	龙门式起重机 5t	台班	276.19	0.540	0.490	0.420	0.340
	电动单梁式起重机 10t	台班	356.89	0.470	0.390	0.350	0.280
	摩擦压力机 1600kN	台班	394.86	0.730	0.650	0.570	0.470
	油压机 800t	台班	1731.15	0.071	0.054	0.044	0.029
	立式钻床 φ25mm	台班	118.20	0.450	0.400	0.390	0.330
	摇臂钻床 φ63mm	台班	175.00	2.040	1.680	1.600	1.420
	普通车床 630mm×2000mm	台班	187.70	0.680	0.530	0.440	0.320
	普通车床 660mm×2000mm	台班	222.66	0.510	0.450	0.370	0.250
	立式车床 φ=2.0m	台班	180.86	0.158	0.130	0.118	－
	叉式装载机 3t	台班	134.00	0.071	0.054	0.044	0.029
	箱式加热炉 RJX－75－9	台班	241.06	0.032	0.026	0.023	0.015
	电动滚胎	台班	92.00	1.210	1.100	1.030	0.880
	载货汽车 8t	台班	619.25	0.072	0.058	0.054	0.046
	汽车式起重机 16t	台班	1071.52	0.072	0.058	0.054	0.046
	汽车式起重机 40t	台班	1811.86	0.042	－	－	－
械	牛头刨床 650m	台班	132.71	0.570	0.460	0.400	0.320
	汽车式起重机 75t	台班	5403.15	－	0.035	0.028	0.024
	平板拖车组 20t	台班	1264.92	－	0.042	－	－
	平板拖车组 60t	台班	2186.44	－	0.035	0.028	0.024

第三章　冶金储气结构制作

说　明

一、本章定额适用于低压湿式直升式、螺旋式气柜及干式气柜和储气球罐制作工程。

二、湿式气柜制作。工作内容不包括：

1.导轮、法兰及精制螺栓、配重块制作和加工。

2.组对、焊接用的临时平台铺设和拆除。

3.无损探伤检验。

4.防雷接地。

5.气柜防腐刷油。

6.基础及荷重预压试验。

三、干式储气柜制作。工作内容不包括：

1.密封装置、手摇泵、螺杆泵、油水分离器、供油装置、各种闸阀、柜容指示器的购置。

2.除锈、刷油。

3.铸件、锻件及法兰等金属加工件及拉杆、紧固件等。

四、球罐制作。工作内容不包括：

1.球板壳体的无损探伤。

2.球板的理化试验。

3.铸铁、锻件、法兰等金属加工件。

4.支柱、梯子、平台、拉杆。

5.工艺焊接试板的检验费。

一、球罐制作

工作内容：球板的复检、厂内倒运、放样下料、整平、一次切割、安装胎具、测厚、压制成型；二次切割、表面缺陷及切缝的修磨、测厚、堆放组装(球罐预装)。

单位：t

定 额 编 号				6-3-1	6-3-2	6-3-3	6-3-4
项 目				球罐容积：120m³			
				球板厚度(mm)			
				20 以内	28 以内	32 以内	38 以内
基 价 (元)				**12281.59**	**11347.87**	**11048.50**	**10757.47**
其中	人 工 费 (元)			913.88	830.63	830.63	754.88
	材 料 费 (元)			7801.08	7590.71	7574.67	7564.46
	机 械 费 (元)			3566.63	2926.53	2643.20	2438.13
名 称		单位	单价(元)	数			量
人工	综合工日	工日	75.00	12.185	11.075	11.075	10.065
材料	15MnVR 钢板 δ = 20 ~ 48	kg	5.00	1300.000	1300.000	1300.000	1300.000
	电焊条 结 422 φ2.5	kg	5.04	6.000	5.000	5.000	4.000
	氧气	m³	3.60	31.500	35.700	39.700	46.300
	乙炔气	m³	25.20	10.500	11.500	13.230	15.430
	无机涂料	kg	12.00	2.800	2.700	2.600	2.500

单位:t

定　额　编　号			6-3-1	6-3-2	6-3-3	6-3-4
项　　　　目			球罐容积:120m³			
			球板厚度（mm）			
			20 以内	28 以内	32 以内	38 以内
材	炭精棒 8~12	根	1.50	1.000	1.000	1.000	1.000
	胎具加工件	kg	5.20	162.000	115.000	101.000	85.000
料	其他材料费	元	–	15.340	15.290	15.250	15.280
机	龙门式起重机 20t	台班	672.97	0.270	0.200	0.130	0.130
	电动单梁式起重机 10t	台班	356.89	0.400	0.300	0.270	0.270
	平板拖车组 20t	台班	1264.92	0.760	0.750	0.730	0.720
	多辊板料校平机 16mm×2500mm	台班	1855.90	0.060	0.050	0.040	0.050
	油压机 1600t	台班	3341.08	0.540	0.390	0.340	0.280
	直流弧焊机 30kW	台班	103.34	0.600	0.500	0.500	0.400
	半自动切割机 100mm	台班	96.23	2.000	2.000	2.000	2.150
械	电动卷扬机（单筒慢速）50kN	台班	145.07	0.700	0.600	0.500	0.400
	其他机械费	元	–	9.280	9.190	9.090	8.990

工作内容:同前

单位:t

定 额 编 号				6-3-5	6-3-6	6-3-7
项 目				球罐容积:400m³		
				球板厚度(mm)		
				20 以内	28 以内	32 以内
基 价 (元)				**11701.10**	**10889.70**	**10554.85**
其中	人 工 费 (元)			830.63	843.75	832.50
	材 料 费 (元)			7178.48	7081.52	7071.71
	机 械 费 (元)			3691.99	2964.43	2650.64
名 称		单位	单价(元)	数		量
人工	综合工日	工日	75.00	11.075	11.250	11.100
材料	15MnVR 钢板 δ=20~48	kg	5.00	1300.000	1300.000	1300.000
	电焊条 结 422 φ2.5	kg	5.04	5.000	4.500	4.500
	氧气	m³	3.60	15.700	17.800	20.000
	乙炔气	m³	25.20	5.230	5.930	6.670
	无机涂料	kg	12.00	2.700	2.700	2.700

续前

定 额 编 号				6-3-5	6-3-6	6-3-7
项 目				球罐容积:400m³		
				球板厚度(mm)		
				20 以内	28 以内	32 以内
材料	炭精棒 8~12	根	1.50	1.000	1.000	1.000
	胎具加工件	kg	5.20	80.000	57.000	50.000
	其他材料费	元	–	15.060	15.020	15.050
机械	龙门式起重机 20t	台班	672.97	0.270	0.200	0.134
	电动单梁式起重机 10t	台班	356.89	0.470	0.400	0.330
	平板拖车组 20t	台班	1264.92	0.830	0.800	0.750
	多辊板料校平机 16mm×2500mm	台班	1855.90	0.180	0.110	0.100
	油压机 1600t	台班	3341.08	0.480	0.340	0.300
	直流弧焊机 30kW	台班	103.34	0.500	0.450	0.450
	半自动切割机 100mm	台班	96.23	2.150	2.150	2.000
	电动卷扬机(单筒慢速) 50kN	台班	145.07	0.600	0.500	0.400
	其他机械费	元	–	9.280	9.100	9.090

工作内容:同前

定　　额　　编　　号				6-3-8	6-3-9	6-3-10
项　　　　　　目				球罐容积:400m³		
				球板厚度(mm)		
				38 以内	44 以内	48 以内
基　　　价　　（元）				**10386.15**	**10381.11**	**10271.56**
其 中	人　工　费　（元）			765.00	748.13	708.75
	材　料　费　（元）			7066.73	7046.53	7022.92
	机　械　费　（元）			2554.42	2586.45	2539.89
名　　　称		单位	单价(元)	数		量
人工	综合工日	工日	75.00	10.200	9.975	9.450
材 料	15MnVR 钢板 δ=20～48	kg	5.00	1300.000	1300.000	1300.000
	电焊条 结 422 φ2.5	kg	5.04	4.200	5.000	5.000
	氧气	m³	3.60	23.300	23.100	23.100
	乙炔气	m³	25.20	7.760	7.700	7.700
	无机涂料	kg	12.00	2.600	2.500	2.700

定　额　编　号			6-3-8	6-3-9	6-3-10
项　　　　目			球罐容积:400m³		
			球板厚度(mm)		
			38 以内	44 以内	48 以内
材料	炭精棒 8~12	根	1.50	1.000	1.000	1.000
	胎具加工件	kg	5.20	42.000	38.000	33.000
	其他材料费	元	–	15.030	15.030	15.020
机械	龙门式起重机 20t	台班	672.97	0.200	0.270	0.330
	电动单梁式起重机 10t	台班	356.89	0.330	0.400	0.470
	平板拖车组 20t	台班	1264.92	0.700	0.700	0.650
	多辊板料校平机 16mm×2500mm	台班	1855.90	0.150	0.160	0.180
	油压机 1600t	台班	3341.08	0.250	0.230	0.200
	直流弧焊机 30kW	台班	103.34	0.420	0.500	0.500
	半自动切割机 100mm	台班	96.23	2.000	2.000	2.000
	电动卷扬机(单筒慢速) 50kN	台班	145.07	0.400	0.400	0.500
	其他机械费	元	–	9.060	9.000	8.930

工作内容:同前

定　额　编　号				6-3-11	6-3-12	6-3-13
项　　　　　目				球罐容积:650m³		
				球板厚度(mm)		
				20 以内	28 以内	32 以内
基　　　价　（元）				**12117.19**	**11319.82**	**11045.08**
其中	人　工　费　（元）			880.13	852.38	826.88
	材　料　费　（元）			7177.18	7114.47	7117.04
	机　械　费　（元）			4059.88	3352.97	3101.16
名　　　　称		单位	单价(元)	数		量
人工	综合工日	工日	75.00	11.735	11.365	11.025
材料	15MnVR 钢板 δ=20~48	kg	5.00	1300.000	1300.000	1300.000
	电焊条 结 422 φ2.5	kg	5.04	6.000	5.000	5.000
	氧气	m³	3.60	22.300	25.300	28.100
	乙炔气	m³	25.20	7.430	8.430	9.370
	无机涂料	kg	12.00	2.500	2.500	2.500

定　额　编　号			6-3-11	6-3-12	6-3-13
项　　　　目			球罐容积:650m³		
			球板厚度(mm)		
			20 以内	28 以内	32 以内
材	炭精棒 8~12	根	1.50	1.000	1.000	1.000
	胎具加工件	kg	5.20	64.000	46.000	40.000
料	其他材料费	元	–	15.120	15.050	15.060
机	龙门式起重机 20t	台班	672.97	0.330	0.270	0.200
	电动单梁式起重机 10t	台班	356.89	0.470	0.400	0.330
	平板拖车组 20t	台班	1264.92	0.960	0.960	0.950
	多辊板料校平机 16mm×2500mm	台班	1855.90	0.180	0.110	0.110
	油压机 1600t	台班	3341.08	0.530	0.380	0.330
	直流弧焊机 30kW	台班	103.34	0.600	0.500	0.500
	半自动切割机 100mm	台班	96.23	2.000	2.000	2.000
械	电动卷扬机(单筒慢速) 50kN	台班	145.07	0.600	0.600	0.600
	其他机械费	元	–	9.400	9.260	9.240

工作内容:同前   单位:t

定　额　编　号				6-3-14	6-3-15	6-3-16
项　　　　　目				球罐容积:650m³		
				球板厚度(mm)		
				38 以内	44 以内	48 以内
基　　　价　（元）				**10847.95**	**10530.15**	**10587.79**
其 中	人　工　费　（元）			823.13	821.25	815.63
	材　料　费　（元）			7145.71	7181.85	7310.16
	机　械　费　（元）			2879.11	2527.05	2462.00
名　　　　　称		单位	单价(元)	数		量
人工	综合工日	工日	75.00	10.975	10.950	10.875
材 料	15MnVR 钢板 δ = 20 ~ 48	kg	5.00	1300.000	1300.000	1300.000
	电焊条 结 422 φ2.5	kg	5.04	5.000	5.000	6.000
	氧气	m³	3.60	33.100	37.400	49.400
	乙炔气	m³	25.20	11.030	12.470	16.470
	无机涂料	kg	12.00	2.500	2.500	2.500

续前

定 额 编 号				6-3-14	6-3-15	6-3-16
项 目				球罐容积:650m³		
				球板厚度(mm)		
				38 以内	44 以内	48 以内
材料	炭精棒 8~12	根	1.50	1.000	1.000	1.000
	胎具加工件	kg	5.20	34.000	31.000	27.000
	其他材料费	元	–	15.090	15.070	15.140
机械	龙门式起重机 20t	台班	672.97	0.134	0.133	0.133
	电动单梁式起重机 10t	台班	356.89	0.270	0.330	0.400
	平板拖车组 20t	台班	1264.92	0.900	0.670	0.670
	多辊板料校平机 16mm×2500mm	台班	1855.90	0.150	0.160	0.160
	油压机 1600t	台班	3341.08	0.280	0.250	0.220
	直流弧焊机 30kW	台班	103.34	0.500	0.500	0.600
	半自动切割机 100mm	台班	96.23	2.150	2.150	2.150
	电动卷扬机(单筒慢速) 50kN	台班	145.07	0.500	0.500	0.500
	其他机械费	元	–	9.160	8.960	8.830

定　额　编　号			6-3-17	6-3-18	6-3-19
项　　　　　　　目			球罐容积:1000m³		
			球板厚度(mm)		
			20 以内	28 以内	32 以内
基　　　价　（元）			**12165.34**	**11190.55**	**10746.21**
其中	人　工　费（元）		999.00	907.88	825.00
	材　料　费（元）		7275.06	7187.71	7173.74
	机　械　费（元）		3891.28	3094.96	2747.47
名　　　　　　称	单位	单价(元)	数		量
人工 综合工日	工日	75.00	13.320	12.105	11.000
材料 15MnVR 钢板 δ=20~48	kg	5.00	1300.000	1300.000	1300.000
电焊条 结 422 φ2.5	kg	5.04	7.000	6.000	5.000
氧气	m³	3.60	22.900	26.000	28.900
乙炔气	m³	25.20	7.630	8.670	9.630
无机涂料	kg	12.00	2.700	2.700	2.700

定　额　编　号			6-3-17	6-3-18	6-3-19
项　　　　　目			球罐容积:1000m³		
			球板厚度(mm)		
			20 以内	28 以内	32 以内
材	炭精棒 8~12	根	1.50	1.000	1.000	1.000
	胎具加工件	kg	5.20	80.000	57.000	50.000
料	其他材料费	元	–	15.160	15.090	7.920
机	龙门式起重机 20t	台班	672.97	0.133	0.133	0.133
	电动单梁式起重机 10t	台班	356.89	0.470	0.400	0.330
	平板拖车组 20t	台班	1264.92	0.900	0.800	0.700
	多辊板料校平机 16mm×2500mm	台班	1855.90	0.070	0.060	0.050
	油压机 1600t	台班	3341.08	0.600	0.420	0.370
	直流弧焊机 30kW	台班	103.34	0.700	0.600	0.500
	半自动切割机 100mm	台班	96.23	2.150	2.000	2.000
	电动卷扬机(单筒慢速)50kN	台班	145.07	0.500	0.500	0.500
械	其他机械费	元	–	9.280	9.160	9.090

定 额 编 号				6-3-20	6-3-21	6-3-22
项 目				球罐容积:1000m³		
				球板厚度(mm)		
				38 以内	44 以内	48 以内
基 价 (元)				**10464.81**	**10385.91**	**10313.66**
其中	人 工 费 (元)			750.00	787.50	866.25
	材 料 费 (元)			7201.91	7238.78	7284.79
	机 械 费 (元)			2512.90	2359.63	2162.62
名 称		单位	单价(元)	数		量
人工	综合工日	工日	75.00	10.000	10.500	11.550
材料	15MnVR 钢板 $\delta = 20 \sim 48$	kg	5.00	1300.000	1300.000	1300.000
	电焊条 结 422 ϕ2.5	kg	5.04	5.000	6.000	6.000
	氧气	m³	3.60	34.100	38.500	44.500
	乙炔气	m³	25.20	11.370	12.830	14.830
	无机涂料	kg	12.00	2.700	2.700	2.700

续前

定 额 编 号				6-3-20	6-3-21	6-3-22
项　　　目				球罐容积:1000m³		
				球板厚度(mm)		
				38 以内	44 以内	48 以内
材	炭精棒 8~12	根	1.50	1.000	1.000	1.000
	胎具加工件	kg	5.20	42.000	38.000	33.000
料	其他材料费	元	–	15.130	15.120	15.130
机	龙门式起重机 20t	台班	672.97	0.133	0.133	0.133
	电动单梁式起重机 10t	台班	356.89	0.330	0.330	0.330
	平板拖车组 20t	台班	1264.92	0.650	0.600	0.550
	多辊板料校平机 16mm×2500mm	台班	1855.90	0.040	0.040	0.040
	油压机 1600t	台班	3341.08	0.320	0.290	0.250
	直流弧焊机 30kW	台班	103.34	0.500	0.600	0.600
	半自动切割机 100mm	台班	96.23	2.150	2.150	2.150
械	电动卷扬机(单筒慢速) 50kN	台班	145.07	0.500	0.500	0.500
	其他机械费	元	–	8.940	8.820	8.700

二、湿式螺旋式气柜制作

工作内容：施工准备、材料运输、型钢调直、平板、摆料、放样、号料、剪切、坡口、冷热成型、组对、焊接等成品矫正、
本体附件梯子、平台、栏杆制作、安装。

单位：t

定 额 编 号				6-3-23	6-3-24	6-3-25	6-3-26	6-3-27
项 目				螺旋式气柜容量(m³)				
				1000 以内	2500 以内	5000 以内	10000 以内	20000 以内
基 价 (元)				**5664.40**	**5599.50**	**5501.80**	**5516.63**	**5404.36**
其 中	人 工 费 (元)			952.88	918.75	862.50	821.25	735.75
	材 料 费 (元)			4236.35	4235.30	4224.17	4208.11	4203.97
	机 械 费 (元)			475.17	445.45	415.13	487.27	464.64
名 称		单位	单价(元)	数		量		
人 工	综合工日	工日	75.00	12.705	12.250	11.500	10.950	9.810
材 料	钢板综合	kg	3.75	767.000	767.000	767.000	767.000	767.000
	型钢综合	kg	4.00	293.000	293.000	293.000	293.000	293.000
	电焊条 结 422 φ2.5	kg	5.04	7.780	7.650	7.240	6.640	6.430
	氧气	m³	3.60	7.150	7.110	7.020	6.560	6.480
	乙炔气	m³	25.20	2.380	2.370	2.340	2.180	2.160
	木柴	kg	0.95	3.000	3.000	2.500	2.040	1.890
	焦炭	kg	1.50	30.000	30.000	25.000	20.400	18.950

定 额 编 号			6-3-23	6-3-24	6-3-25	6-3-26	6-3-27
项 目			螺旋式气柜容量(m³)				
			1000 以内	2500 以内	5000 以内	10000 以内	20000 以内
材料	其他材料费	元	–	15.320	15.320	15.320	15.300	15.330
机	龙门式起重机 5t	台班	276.19	0.237	0.209	0.176	0.165	0.165
	电动空气压缩机 6m³/min	台班	338.45	0.160	0.149	0.143	0.127	0.116
	剪板机 20mm×2500mm	台班	302.52	0.044	0.044	0.044	0.044	0.044
	刨边机 12000mm	台班	777.63	0.033	0.033	0.033	0.033	0.033
	卷板机 20mm×2500mm	台班	291.50	0.099	0.088	0.077	0.066	0.055
	摩擦压力机 1600kN	台班	394.86	0.039	0.033	0.028	0.220	0.220
	汽车式起重机 12t	台班	888.68	0.083	0.077	0.072	0.061	0.061
	摇臂钻床 φ63mm	台班	175.00	0.066	0.061	0.050	0.044	0.044
	半自动切割机 100mm	台班	96.23	0.534	0.512	0.490	0.484	0.413
	载货汽车 5t	台班	507.79	0.055	0.055	0.055	0.105	0.099
械	交流弧焊机 32kV·A	台班	96.61	0.550	0.517	0.484	0.429	0.374
	直流弧焊机 30kW	台班	103.34	0.457	0.446	0.424	0.413	0.407
	其他机械费	元	–	7.340	7.300	7.260	7.710	7.820

工作内容:同前

单位:t

定　额　编　号			6-3-28	6-3-29	6-3-30	6-3-31	6-3-32
项　　　目			螺旋式气柜容量(m³)				
			30000 以内	50000 以内	100000 以内	150000 以内	200000 以内
基　　　价　（元）			**5291.40**	**5223.61**	**5123.01**	**5063.36**	**5027.11**
其中	人　工　费　（元）		693.00	655.50	592.88	559.88	540.38
	材　料　费　（元）		4198.97	4189.63	4174.39	4167.38	4163.67
	机　械　费　（元）		399.43	378.48	355.74	336.10	323.06
名　　　称	单位	单价(元)	数			量	
人工 综合工日	工日	75.00	9.240	8.740	7.905	7.465	7.205
材料 钢板综合	kg	3.75	767.000	767.000	767.000	767.000	767.000
型钢综合	kg	4.00	293.000	293.000	293.000	293.000	293.000
电焊条 结 422 φ2.5	kg	5.04	6.250	6.050	5.540	5.100	4.930
氧气	m³	3.60	6.340	5.970	5.580	5.330	5.090
乙炔气	m³	25.20	2.110	1.990	1.860	1.770	1.690
木柴	kg	0.95	1.750	1.500	1.000	0.900	0.900
焦炭	kg	1.50	17.500	15.000	10.000	9.000	9.000

定 额 编 号			6-3-28	6-3-29	6-3-30	6-3-31	6-3-32
项 目			螺旋式气柜容量(m³)				
			30000 以内	50000 以内	100000 以内	150000 以内	200000 以内
材料	其他材料费	元	–	15.310	15.320	15.310	15.280	15.310
机	龙门式起重机 5t	台班	276.19	0.165	0.165	0.160	0.154	0.149
	电动空气压缩机 10m³/min	台班	519.44	0.116	0.105	0.094	0.088	0.088
	剪板机 20mm×2500mm	台班	302.52	0.044	0.044	0.044	0.044	0.044
	刨边机 12000mm	台班	777.63	0.033	0.033	0.033	0.033	0.033
	卷板机 20mm×2500mm	台班	291.50	0.055	0.050	0.044	0.039	0.033
	摩擦压力机 1600kN	台班	394.86	0.022	0.022	0.017	0.017	0.017
	汽车式起重机 12t	台班	888.68	0.061	0.055	0.055	0.050	0.044
	摇臂钻床 φ63mm	台班	175.00	0.039	0.039	0.028	0.022	0.017
	半自动切割机 100mm	台班	96.23	0.380	0.358	0.325	0.308	0.292
	载货汽车 5t	台班	507.79	0.099	0.094	0.094	0.088	0.088
械	交流弧焊机 32kV·A	台班	96.61	0.352	0.319	0.253	0.226	0.209
	直流弧焊机 30kW	台班	103.34	0.391	0.385	0.380	0.374	0.369
	其他机械费	元	–	7.630	7.640	7.720	7.710	7.710

三、直升式气柜制作

工作内容:型钢调直、平板、摆料、放样、号料、切割、剪切、坡口、冷热成型、组对、焊接、矫正、附件梯子、平台、栏杆制作、验收、安装。

单位:t

定 额 编 号			6-3-33	6-3-34	6-3-35	6-3-36	6-3-37
项 目			直升式气柜容量(m³)				
			100 以内	200 以内	400 以内	600 以内	1000 以内
基 价 (元)			**6509.87**	**6440.46**	**6400.49**	**6277.62**	**6115.55**
其中	人 工 费 (元)		1059.00	1031.63	1007.63	963.75	883.50
	材 料 费 (元)		4359.03	4356.37	4352.49	4339.57	4330.00
	机 械 费 (元)		1091.84	1052.46	1040.37	974.30	902.05
名 称	单位	单价(元)	数		量		
人工 综合工日	工日	75.00	14.120	13.755	13.435	12.850	11.780
材料 热轧中厚钢板 $\delta=4.5\sim10$	kg	3.90	742.000	742.000	742.000	742.000	742.000
型钢综合	kg	4.00	318.000	318.000	318.000	318.000	318.000
电焊条 结422 $\phi2.5$	kg	5.04	8.290	8.120	7.720	7.380	6.760
氧气	m³	3.60	6.640	6.490	6.330	6.060	5.530
乙炔气	m³	25.20	2.210	2.160	2.110	2.020	1.840
木柴	kg	0.95	3.500	3.500	3.500	3.000	3.000
焦炭	kg	1.50	35.000	35.000	35.000	30.000	30.000

单位:t

定 额 编 号			6-3-33	6-3-34	6-3-35	6-3-36	6-3-37
项 目			直升式气柜容量(m³)				
			100 以内	200 以内	400 以内	600 以内	1000 以内
材料	其他材料费	元	–	16.030	16.020	16.000	16.000	16.000
机	龙门式起重机 5t	台班	276.19	0.190	0.180	0.180	0.170	0.160
	汽车式起重机 12t	台班	888.68	0.100	0.100	0.100	0.090	0.080
	电动空气压缩机 6m³/min	台班	338.45	0.430	0.420	0.410	0.390	0.360
	剪板机 20mm×2500mm	台班	302.52	0.050	0.050	0.050	0.040	0.040
	刨边机 12000mm	台班	777.63	0.050	0.050	0.050	0.040	0.040
	多辊板料校平机 16mm×2500mm	台班	1855.90	0.170	0.160	0.160	0.150	0.140
	卷板机 20mm×2500mm	台班	291.50	0.160	0.150	0.150	0.140	0.130
	摇臂钻床 ϕ63mm	台班	175.00	0.130	0.130	0.130	0.120	0.110
	摩擦压力机 1600kN	台班	394.86	0.100	0.090	0.090	0.090	0.080
	半自动切割机 100mm	台班	96.23	1.040	1.020	0.990	0.950	0.870
械	交流弧焊机 32kV·A	台班	96.61	2.010	1.960	1.910	1.820	1.680
	直流弧焊机 30kW	台班	103.34	0.240	0.230	0.220	0.210	0.190
	其他机械费	元	–	7.510	7.490	7.530	7.480	7.500

四、干式储气柜制作

工作内容:厂内搬运、放样下料、剪切、坡口、平整、冷热成型及堆放等工作。

单位:t

定　额　编　号			6-3-38	6-3-39	6-3-40	6-3-41	6-3-42	6-3-43
项　　　　目			干式储气柜容量（m³）					
			30000 以内	50000 以内	80000 以内	120000 以内	200000 以内	300000 以内
基　　价　（元）			**5644.45**	**5545.71**	**5495.94**	**5360.99**	**5311.50**	**5337.58**
其中	人　工　费　（元）		1065.75	986.25	899.63	855.75	823.88	823.88
	材　料　费　（元）		4166.35	4159.59	4218.64	4143.58	4138.97	4176.30
	机　械　费　（元）		412.35	399.87	377.67	361.66	348.65	337.40
名　　称	单位	单价（元）	数			量		
人工 综合工日	工日	75.00	14.210	13.150	11.995	11.410	10.985	10.985
材料 钢板综合	kg	3.75	886.520	886.520	616.920	889.990	889.990	723.380
型钢综合	kg	4.00	173.480	173.480	443.080	170.010	170.010	336.620
电焊条 结422 φ2.5	kg	5.04	7.500	7.250	6.640	6.130	5.920	5.720
氧气	m³	3.60	7.600	7.160	6.690	6.390	6.110	5.840
乙炔气	m³	25.20	2.530	2.380	2.230	2.130	2.040	1.950
炭精棒 8~12	根	1.50	2.800	2.700	2.600	2.400	2.200	2.000
其他材料费	元	—	14.860	14.880	15.220	14.900	14.930	15.150
机 电动单梁式起重机 10t	台班	356.89	0.110	0.100	0.100	0.090	0.080	0.070
龙门式起重机 5t	台班	276.19	0.300	0.300	0.290	0.280	0.270	0.260
剪板机 20mm×2500mm	台班	302.52	0.080	0.080	0.080	0.080	0.080	0.080
卷板机 20mm×2500mm	台班	291.50	0.140	0.130	0.120	0.110	0.100	0.090
刨边机 12000mm	台班	777.63	0.060	0.060	0.060	0.060	0.060	0.060
摩擦压力机 1600kN	台班	394.86	0.060	0.060	0.060	0.060	0.060	0.060
摇臂钻床 φ63mm	台班	175.00	0.070	0.070	0.050	0.040	0.030	0.030
械 电焊机综合	台班	100.64	1.340	1.280	1.150	1.100	1.080	1.060
其他机械费	元	—	7.770	7.810	7.870	7.890	7.890	7.890

第四章　冶金贮运结构制作

说　明

一、通廊结构制作定额包括桁架、檩条及支架等构件，如单独制作其中的一种构件时，仍应套用该子目。

二、通廊结构及漏斗的制作定额已包括预装配及试拼装工作。

三、3t 以上实腹漏斗梁套用高炉料仓漏斗梁制作子目。

一、通廊制作

工作内容:材料运输、放样、号料、切割、平板、调直、组对、焊接、钻孔、成品校正、编号等工序。　　　　　　　单位:t

定　额　编　号				6-4-1	6-4-2
项　　　　　目				通廊结构	扁铁吊架
基　　价　（元）				**5446.89**	**6205.38**
其中	人　工　费（元）			694.05	1093.05
	材　料　费（元）			4300.53	4648.43
	机　械　费（元）			452.31	463.90
名　　　　称		单位	单价（元）	数	量
人工	综合工日	工日	75.00	9.254	14.574
材料	钢板综合	kg	3.75	263.000	136.000
	型钢综合	kg	4.00	786.000	924.000
	电焊条 结422 φ2.5	kg	5.04	13.600	16.800
	螺栓	kg	8.90	1.300	1.200
	氧气	m³	3.60	6.200	8.000
	乙炔气	m³	25.20	2.070	2.670
	木柴	kg	0.95	—	15.000

续前

定 额 编 号			6-4-1	6-4-2
项 目			通廊结构	扁铁吊架
材料	焦炭	kg	1.50	–	146.000
	其他材料费	元	–	15.680	17.740
机械	电动单梁式起重机 10t	台班	356.89	0.240	0.240
	龙门式起重机 20t	台班	672.97	0.010	0.010
	平板拖车组 20t	台班	1264.92	0.080	0.080
	电动空气压缩机 10m³/min	台班	519.44	0.050	0.050
	型钢剪断机 500mm	台班	238.96	0.081	0.050
	型钢矫正机	台班	131.92	0.196	0.250
	剪板机 40mm×3100mm	台班	775.86	0.014	0.010
	多辊板料校平机 10mm×2000mm	台班	1240.71	0.006	0.005
	刨边机 12000mm	台班	777.63	0.011	–
	摇臂钻床 φ50mm	台班	157.38	0.220	0.200
	电焊机综合	台班	100.64	1.190	1.470
	其他机械费	元	–	6.300	6.040

二、溜槽、漏斗制作

工作内容: 材料运输、放样、号料、切割、平板、调直、组对、焊接、钻孔、成品校正、标号等工序。

单位:t

定 额 编 号				6-4-3	6-4-4
项 目				溜槽	螺旋式溜槽
基 价 (元)				**5448.16**	**8719.39**
其中	人 工 费 (元)			846.83	1458.00
	材 料 费 (元)			4157.78	6720.30
	机 械 费 (元)			443.55	541.09
	名 称	单位	单价(元)	数	量
人工	综合工日	工日	75.00	11.291	19.440
材料	钢板综合	kg	3.75	911.000	760.000
	型钢综合	kg	4.00	149.000	390.000
	电焊条 结 422 φ2.5	kg	5.04	13.600	25.600
	螺栓	kg	8.90	1.200	1.200
	氧气	m³	3.60	4.300	13.400
	乙炔气	m³	25.20	1.430	4.470
	焦炭	kg	1.50	—	1250.000

单位:t

定　额　编　号				6-4-3	6-4-4
项　　　目				溜槽	螺旋式溜槽
材料	木柴	kg	0.95	–	125.000
	其他材料费	元	–	14.790	15.960
机械	电动单梁式起重机 10t	台班	356.89	0.200	0.200
	龙门式起重机 20t	台班	672.97	0.010	0.010
	平板拖车组 20t	台班	1264.92	0.080	0.080
	电动空气压缩机 10m³/min	台班	519.44	0.050	0.050
	型钢剪断机 500mm	台班	238.96	0.015	–
	型钢矫正机	台班	131.92	0.037	–
	剪板机 40mm×3100mm	台班	775.86	0.050	0.030
	多辊板料校平机 10mm×2000mm	台班	1240.71	0.021	0.015
	刨边机 12000mm	台班	777.63	0.018	–
	摇臂钻床 φ50mm	台班	157.38	0.160	0.400
	电焊机综合	台班	100.64	1.190	2.240
	其他机械费	元	–	6.020	5.540

工作内容:同前

定　额　编　号				6-4-5	6-4-6	6-4-7
项　　　　目					漏斗	
				方形	圆形	薄板
基　　价　（元）				**5617.21**	**6295.59**	**5704.55**
其 中	人　工　费　（元）			871.50	1093.05	917.18
	材　料　费　（元）			4221.03	4579.58	4261.85
	机　械　费　（元）			524.68	622.96	525.52
名　　　称		单位	单价(元)	数		量
人工	综合工日	工日	75.00	11.620	14.574	12.229
材 料	钢板综合	kg	3.75	994.000	1150.000	910.000
	型钢综合	kg	4.00	66.000	–	150.000
	电焊条 结 422 φ2.5	kg	5.04	20.800	19.200	21.600
	螺栓	kg	8.90	1.300	1.300	1.200
	氧气	m³	3.60	8.200	12.000	9.600
	乙炔气	m³	25.20	2.730	4.000	3.200
	其他材料费	元	–	14.810	14.740	14.610

定　额　编　号			6-4-5	6-4-6	6-4-7
项　　　　目			漏斗		
			方形	圆形	薄板
机	电动单梁式起重机 10t	台班	356.89	0.230	0.210	0.200
	龙门式起重机 20t	台班	672.97	0.010	0.010	0.010
	平板拖车组 20t	台班	1264.92	0.080	0.080	0.080
	电动空气压缩机 10m³/min	台班	519.44	0.050	0.050	0.050
	型钢剪断机 500mm	台班	238.96	0.090	–	0.018
	型钢矫正机	台班	131.92	0.023	–	0.023
	剪板机 40mm×3100mm	台班	775.86	0.034	0.035	0.034
	多辊板料校平机 10mm×2000mm	台班	1240.71	0.012	0.013	0.013
	刨边机 12000mm	台班	777.63	0.039	0.042	0.035
	卷板机 40mm×4000mm	台班	1159.29	–	0.120	–
	摇臂钻床 φ50mm	台班	157.38	0.150	0.150	0.300
械	电焊机综合	台班	100.64	1.820	1.680	1.890
	其他机械费	元	–	5.790	6.380	5.760

定　额　编　号			6-4-8	6-4-9	6-4-10
项　　　　　　目			漏斗		
			衬板	梁	格栅
基　　　价　（元）			**5130.02**	**5223.04**	**5101.87**
其 中	人　工　费　（元）			395.33	556.50	466.20
	材　料　费　（元）			4142.52	4199.86	4229.68
	机　械　费　（元）			592.17	466.68	405.99
名　　　　　称		单位	单价（元）	数		量
人工	综合工日	工日	75.00	5.271	7.420	6.216
材 料	钢板综合	kg	3.75	1060.000	529.000	570.000
	型钢综合	kg	4.00	－	517.000	490.000
	电焊条 结 422 φ2.5	kg	5.04	9.600	12.800	12.000
	螺栓	kg	8.90	1.200	1.200	1.200
	氧气	m³	3.60	7.800	4.800	3.800
	乙炔气	m³	25.20	2.600	1.600	1.270
	其他材料费	元	－	14.860	15.320	15.340

单位:t

定 额 编 号			6-4-8	6-4-9	6-4-10
项 目			漏斗		
			衬板	梁	格栅
机	电动单梁式起重机 10t	台班	356.89	0.200	0.200	0.200
	龙门式起重机 20t	台班	672.97	0.010	0.010	0.010
	电动空气压缩机 10m³/min	台班	519.44	0.050	0.050	0.050
	型钢剪断机 500mm	台班	238.96	–	0.053	0.069
	型钢矫正机	台班	131.92	–	0.129	0.169
	剪板机 40mm×3100mm	台班	775.86	0.029	0.021	0.050
	多辊板料校平机 10mm×2000mm	台班	1240.71	0.015	0.012	0.009
	刨边机 12000mm	台班	777.63	0.032	0.039	–
	卷板机 40mm×4000mm	台班	1159.29	0.070	–	–
	摇臂钻床 φ50mm	台班	157.38	0.940	0.325	–
械	电焊机综合	台班	100.64	0.840	1.120	1.050
	平板拖车组 20t	台班	1264.92	0.080	0.080	0.080
	其他机械费	元	–	7.280	6.350	6.300

第五章　冶金厂房金属结构制作

说　　明

一、本章定额中下列构件制作已考虑了按两节预装配或试拼装工作;如超过两节,其加工费应增加3%。

1.15t以上焊接实腹柱、空腹柱;

2.屋架;

3.屋架梁。

二、环形单轨吊车梁的制作定额也适用于弧形单轨吊车梁。

三、100mm以上的方钢轨道需要刨沟、刨槽时,另计加工费。

四、走台指厂房内部和外部所有通行走台。

五、工作台指生产操作用的平台,由型钢及钢板组成的操作平台套用轻型工作台定额。工作台定额已包括平台支柱、梁及铺板。

六、金属构件与混凝土构件连接用的长螺栓可套用弯钩螺栓单价。

七、箱形构件包括箱形吊车梁、箱形屋架梁、24m以上的实腹吊车梁、屋架梁。

八、槽形屋面板定额适用于槽形墙板。

九、钢管柱制作套用实腹钢柱制作。

十、吊车轨道不包括下部垫板、轨道压板、鱼尾板的制作。

十一、采用高强螺栓连接时,增加钻模制作及摩擦试件的检验费、喷砂除锈费;另增加钻床1.245台班/t,人工1.245工日/t,连接件全部按重量计。

十二、本定额内容包括人工除锈,不含刷漆。

十三、联合平台:是指两台或两台以上设备的平台互相连接组成的便于操作检修使用的整体平台。

一、框架、柱制作

工作内容: 材料运输、放样、号料、切割、平板、调直、组对、焊接、钻孔、成品校正、编号等工序。

单位:t

定 额 编 号			6-5-1	6-5-2	6-5-3	6-5-4	6-5-5	6-5-6
项 目			厂房框架	空腹柱(t)		实腹柱(t)		箱形柱
				15 以内	15 以上	5 以内	5 以上	
基 价 (元)			**5393.91**	**5370.13**	**5491.47**	**5421.97**	**5334.02**	**5577.60**
其中	人 工 费 (元)		657.00	654.75	758.25	693.00	612.15	721.80
	材 料 费 (元)		4171.85	4214.07	4216.18	4201.80	4194.70	4242.68
	机 械 费 (元)		565.06	501.31	517.04	527.17	527.17	613.12
名 称	单位	单价(元)	数		量			
人工 综合工日	工日	75.00	8.760	8.730	10.110	9.240	8.162	9.624
材料 钢板综合	kg	3.75	1027.000	877.000	987.000	1042.000	1042.000	1047.000
型钢综合	kg	4.00	33.000	183.000	73.000	18.000	18.000	13.000
电焊条 结 422 φ2.5	kg	5.04	20.000	19.200	19.200	20.000	20.000	24.000
螺栓	kg	8.90	1.200	1.200	1.300	1.200	1.200	1.200
氧气	m³	3.60	5.200	5.900	8.300	8.000	7.400	8.300
乙炔气	m³	25.20	1.730	1.970	2.770	2.670	2.470	3.500

续前

定 额 编 号			6-5-1	6-5-2	6-5-3	6-5-4	6-5-5	6-5-6
项 目			厂房框架	空腹柱(t)		实腹柱(t)		箱形柱
				15 以内	15 以上	5 以内	5 以上	
材料 其他材料费	元	–	14.800	14.990	14.910	14.740	14.840	14.710
机 械 电动单梁式起重机 10t	台班	356.89	0.200	0.200	0.213	0.200	0.200	0.213
龙门式起重机 20t	台班	672.97	0.010	0.010	0.010	0.010	0.010	0.010
平板拖车组 20t	台班	1264.92	0.080	0.080	0.080	0.080	0.080	0.080
电动空气压缩机 10m³/min	台班	519.44	0.050	0.050	0.050	0.050	0.050	0.050
型钢剪断机 500mm	台班	238.96	0.001	0.010	0.003	0.001	0.001	0.003
剪板机 40mm×3100mm	台班	775.86	0.057	0.048	0.055	0.058	0.058	0.100
型钢矫正机	台班	131.92	0.001	0.006	0.002	0.002	0.002	0.100
多辊板料校平机 16mm×2500mm	台班	1855.90	0.023	0.020	0.023	0.024	0.024	0.025
刨边机 12000mm	台班	777.63	0.023	0.020	0.023	0.024	0.024	0.059
电焊机综合	台班	100.64	1.750	1.680	1.680	1.750	1.750	1.800
摇臂钻床 φ50mm	台班	157.38	0.460	0.180	0.180	0.200	0.200	0.180
其他机械费	元	–	6.110	5.540	5.500	5.590	5.590	9.950

二、焊接吊车梁、轨道制作

工作内容: 材料运输、放样、号料、切割、平板、调直、组对、焊接、钻孔、成品校正、编号等工序。

单位:t

定 额 编 号			6-5-7	6-5-8	6-5-9	6-5-10
项 目			实腹吊车梁	制动梁	制动行架	箱形梁
基 价 (元)			**5477.23**	**5137.85**	**5248.20**	**6273.03**
其中	人 工 费 (元)		721.35	529.73	558.60	1373.63
	材 料 费 (元)		4168.00	4155.33	4260.60	4244.65
	机 械 费 (元)		587.88	452.79	429.00	654.75
名 称	单位	单价(元)	数		量	
人工 综合工日	工日	75.00	9.618	7.063	7.448	18.315
材料 钢板综合	kg	3.75	1060.000	753.000	126.000	1033.000
型钢综合	kg	4.00	–	292.000	916.000	27.000
电焊条 结 422 φ2.5	kg	5.04	21.600	16.000	9.600	24.000
螺栓	kg	8.90	1.200	1.200	1.200	1.200
氧气	m³	3.60	4.900	4.700	4.100	8.000
乙炔气	m³	25.20	1.630	1.570	1.370	3.480

单位:t

定 额 编 号			6-5-7	6-5-8	6-5-9	6-5-10
项 目			实腹吊车梁	制动梁	制动行架	箱形梁
材料	其他材料费	元	–	14.740	15.780	15.750	14.760
机	电动单梁式起重机 10t	台班	356.89	0.200	0.200	0.200	0.200
	龙门式起重机 20t	台班	672.97	0.010	0.010	0.010	0.010
	平板拖车组 20t	台班	1264.92	0.080	0.080	0.080	0.080
	电动空气压缩机 6m³/min	台班	338.45	0.050	0.050	0.050	0.050
	型钢剪断机 500mm	台班	238.96	–	0.030	0.094	0.010
	剪板机 40mm×3100mm	台班	775.86	0.059	0.041	0.007	0.100
	型钢矫正机	台班	131.92	–	0.073	0.228	0.100
	多辊板料校平机 16mm×2500mm	台班	1855.90	0.024	0.002	0.003	0.025
	刨边机 12000mm	台班	777.63	0.105	0.023	0.011	0.084
	摇臂钻床 φ50mm	台班	157.38	0.150	0.250	0.440	0.200
械	电焊机综合	台班	100.64	1.890	1.400	0.840	2.100
	其他机械费	元	–	5.870	6.120	6.900	10.820

定　　额　　编　　号				6-5-11	6-5-12	6-5-13
项　　　　　　　目				制动板	钢板车挡	型钢车挡
基　　　　价　（元）				**4883.35**	**5102.23**	**5244.05**
其中	人　　工　　费　（元）			454.13	592.73	641.55
	材　　料　　费　（元）			4033.13	4082.01	4242.91
	机　　械　　费　（元）			396.09	427.49	359.59
名　　　　　　　称		单位	单价(元)	数		量
人工	综合工日	工日	75.00	6.055	7.903	8.554
材料	钢板综合	kg	3.75	996.000	1054.000	156.000
	型钢综合	kg	4.00	47.000	－	889.000
	电焊条 结 422 ϕ2.5	kg	5.04	10.400	12.800	6.400
	螺栓	kg	8.90	1.200	1.200	1.200
	氧气	m³	3.60	2.600	3.300	3.600
	乙炔气	m³	25.20	0.870	1.100	1.200

定 额 编 号			6-5-11	6-5-12	6-5-13
项 目			制动板	钢板车挡	型钢车挡
材料	其他材料费	元	–	15.750	14.720	15.770
机 械	电动单梁式起重机 10t	台班	356.89	0.200	0.200	0.200
	龙门式起重机 20t	台班	672.97	0.010	0.010	0.010
	平板拖车组 20t	台班	1264.92	0.080	0.080	0.080
	电动空气压缩机 6m³/min	台班	338.45	0.050	0.050	0.050
	型钢剪断机 500mm	台班	238.96	0.002	–	0.091
	剪板机 40mm×3100mm	台班	775.86	0.054	0.057	0.009
	型钢矫正机	台班	131.92	0.012	–	0.221
	多辊板料校平机 16mm×2500mm	台班	1855.90	0.002	0.024	0.004
	刨边机 12000mm	台班	777.63	0.025	–	–
	摇臂钻床 φ50mm	台班	157.38	0.220	0.150	0.220
	电焊机综合	台班	100.64	0.910	1.120	0.560
	其他机械费	元	–	6.550	6.180	7.080

工作内容:同前

定 额 编 号			6-5-14	6-5-15	6-5-16
项 目			单轨吊车梁		箱形吊车梁
			直形	环形	
基 价 (元)			**5118.62**	**5436.61**	**5980.67**
其 中	人 工 费 (元)		452.55	504.00	1257.38
	材 料 费 (元)		4285.75	4532.06	4241.68
	机 械 费 (元)		380.32	400.55	481.61
名 称	单位	单价(元)	数		量
人工 综合工日	工日	75.00	6.034	6.720	16.765
材 料	钢板综合	kg	3.75	128.000	106.000	1028.000
	型钢综合	kg	4.00	923.000	945.000	32.000
	电焊条 结 422 φ2.5	kg	5.04	7.200	4.800	24.000
	螺栓	kg	8.90	1.200	1.200	1.200
	氧气	m³	3.60	3.500	5.400	8.000
	乙炔气	m³	25.20	1.520	2.350	3.480
	焦炭	kg	1.50	—	150.000	—

单位:t

定 额 编 号			6-5-14	6-5-15	6-5-16
项 目			单轨吊车梁		箱形吊车梁
			直形	环形	
材料	其他材料费	元	–	15.880	16.030	10.540
机 械	电动单梁式起重机 10t	台班	356.89	0.200	0.200	0.200
	龙门式起重机 20t	台班	672.97	0.080	0.080	0.080
	平板拖车组 20t	台班	1264.92	0.100	0.100	0.100
	电动空气压缩机 10m³/min	台班	519.44	0.050	0.050	0.050
	型钢剪断机 500mm	台班	238.96	0.095	0.067	0.010
	剪板机 40mm×3100mm	台班	775.86	0.007	0.006	0.100
	型钢矫正机	台班	131.92	0.100	0.336	0.100
	多辊板料校平机 16mm×2500mm	台班	1855.90	0.003	0.003	0.025
	刨边机 12000mm	台班	777.63	0.018	0.008	0.008
	摇臂钻床 φ50mm	台班	157.38	0.150	0.150	0.200
	电焊机综合	台班	100.64	0.082	0.126	0.187
	其他机械费	元	–	9.890	9.800	7.850

工作内容:同前

单位:t

定 额 编 号			6-5-17	6-5-18	6-5-19	6-5-20
项　　　　　目			钢轨			
			38kg/m	43kg/m	QU80	QU100
基　　价　（元）			**6331.16**	**6469.18**	**6345.65**	**6371.63**
其中	人　工　费　（元）		438.90	565.95	610.58	635.25
	材　料　费　（元）		5584.56	5587.84	5418.74	5418.47
	机　械　费　（元）		307.70	315.39	316.33	317.91
名　　　　称	单位	单价（元）	数		量	
人工 综合工日	工日	75.00	5.852	7.546	8.141	8.470
材料 普碳钢重轨 38kg/m	t	5300.00	1.043	—	—	—
普碳钢重轨 43kg/m	t	5300.00	—	1.043	—	—
起重钢轨（吊车轨）QU70,QU80	t	5100.00	—	—	1.050	—
起重钢轨（吊车轨）QU100,QU120	t	5100.00	—	—	—	1.050
螺栓	kg	8.90	0.600	0.600	0.600	0.600
氧气	m³	3.60	2.700	3.000	3.500	3.500
乙炔气	m³	25.20	0.900	1.000	1.170	1.170
其他材料费	元	—	18.920	18.600	16.320	16.050
机械 电动单梁式起重机 10t	台班	356.89	0.200	0.200	0.200	0.200
龙门式起重机 20t	台班	672.97	0.010	0.010	0.010	0.010
平板拖车组 20t	台班	1264.92	0.080	0.080	0.080	0.080
电动空气压缩机 10m³/min	台班	519.44	0.050	0.050	0.050	0.050
型钢矫正机	台班	131.92	0.295	0.353	0.360	0.372
摇臂钻床 φ50mm	台班	157.38	0.350	0.350	0.350	0.350
其他机械费	元	—	8.430	8.470	8.480	8.480

工作内容:同前

单位:t

定　额　编　号				6-5-21	6-5-22
项　　　　　目				吊车梁方钢轨道	
				100×100 以下	100×100 以上
基　价　(元)				**4906.77**	**5593.19**
其中	人　工　费　(元)			402.68	992.48
	材　料　费　(元)			4237.91	4305.87
	机　械　费　(元)			266.18	294.84
名　　　　称		单位	单价(元)	数　　量	
人工	综合工日	工日	75.00	5.369	13.233
材料	型钢综合	kg	4.00	1043.000	1060.000
	螺栓	kg	8.90	0.600	0.600
	氧气	m³	3.60	3.700	3.700
	乙炔气	m³	25.20	1.230	1.230
	其他材料费	元	—	16.250	16.210
机械	电动单梁式起重机 10t	台班	356.89	0.200	0.200
	龙门式起重机 20t	台班	672.97	0.010	0.010
	平板拖车组 20t	台班	1264.92	0.080	0.080
	电动空气压缩机 10m³/min	台班	519.44	0.050	0.050
	型钢矫正机	台班	131.92	0.161	0.377
	摇臂钻床 φ50mm	台班	157.38	0.200	0.200
	其他机械费	元	—	8.190	8.360

三、屋架、檩条、支撑制作

工作内容: 材料运输、放样、号料、切割、平板、调直、组对、焊接、钻孔、成品校正、编号等工序。

单位:t

定 额 编 号				6-5-23	6-5-24	6-5-25
项 目				屋架薄壁冷弯型钢	屋架梁	屋架
基 价 (元)				**6047.64**	**5380.72**	**5429.30**
其中	人 工 费 (元)			1169.70	618.45	638.93
	材 料 费 (元)			4367.39	4309.85	4326.08
	机 械 费 (元)			510.55	452.42	464.29
名 称		单位	单价(元)	数		量
人工	综合工日	工日	75.00	15.596	8.246	8.519
材料	钢板综合	kg	3.75	105.000	261.000	188.000
	型钢综合	kg	4.00	945.000	791.000	865.000
	电焊条 结 422 φ2.5	kg	5.04	28.000	14.400	14.400
	螺栓	kg	8.90	1.300	1.300	1.300
	氧气	m³	3.60	2.100	5.600	5.100
	乙炔气	m³	25.20	0.700	1.870	1.700

单位:t

定　额　编　号			6-5-23	6-5-24	6-5-25
项　　　目			屋架薄壁冷弯型钢	屋架梁	屋架
材料 其他材料费	元	–	15.750	15.670	15.730
机 电动单梁式起重机 10t	台班	356.89	0.200	0.200	0.200
龙门式起重机 20t	台班	672.97	0.010	0.010	0.010
平板拖车组 20t	台班	1264.92	0.080	0.080	0.080
电动空气压缩机 6m³/min	台班	338.45	0.050	0.050	0.050
型钢剪断机 500mm	台班	238.96	–	0.080	0.087
剪板机 40mm×3100mm	台班	775.86	0.010	0.010	0.010
型钢矫正机	台班	131.92	0.165	0.194	0.212
多辊板料校平机 16mm×2500mm	台班	1855.90	0.005	0.005	0.005
刨边机 12000mm	台班	777.63	–	0.008	0.018
摇臂钻床 φ50mm	台班	157.38	0.150	0.350	0.350
械 电焊机综合	台班	100.64	2.450	1.260	1.260
其他机械费	元	–	5.350	6.340	6.380

定 额 编 号			6-5-26	6-5-27	6-5-28	6-5-29
项 目			轻型屋架	天窗	挡雨板支架	挡风架
基 价 (元)			**5803.89**	**5291.59**	**5137.00**	**5070.50**
其中	人 工 费 (元)		955.50	536.03	484.05	451.50
	材 料 费 (元)		4379.49	4294.98	4257.88	4296.68
	机 械 费 (元)		468.90	460.58	395.07	322.32
名 称	单位	单价(元)	数		量	
人工 综合工日	工日	75.00	12.740	7.147	6.454	6.020
材料 钢板综合	kg	3.75	145.000	233.000	221.000	148.000
型钢综合	kg	4.00	911.000	815.000	820.000	901.000
电焊条 结 422 φ2.5	kg	5.04	21.600	14.400	12.000	8.000
螺栓	kg	8.90	1.200	1.200	1.200	1.200
氧气	m³	3.60	4.700	5.200	5.200	5.900
乙炔气	m³	25.20	1.570	1.730	1.730	1.970

续前

定 额 编 号			6-5-26	6-5-27	6-5-28	6-5-29
项 目			轻型屋架	天窗	挡雨板支架	挡风架
材料	其他材料费	元	–	15.710	15.660	15.650	15.800
机 械	电动单梁式起重机 10t	台班 356.89	0.200	0.200	0.200	0.200
	龙门式起重机 20t	台班 672.97	0.010	0.010	0.010	0.010
	平板拖车组 20t	台班 1264.92	0.080	0.080	0.080	0.080
	电动空气压缩机 6m³/min	台班 338.45	0.050	0.050	0.050	0.050
	型钢剪断机 500mm	台班 238.96	0.080	0.082	0.084	0.042
	剪板机 40mm×3100mm	台班 775.86	0.010	0.013	0.012	0.008
	型钢矫正机	台班 131.92	0.100	0.199	0.104	0.060
	多辊板料校平机 16mm×2500mm	台班 1855.90	0.005	0.005	0.005	0.005
	刨边机 12000mm	台班 777.63	0.009	0.014	0.014	–
	摇臂钻床 φ50mm	台班 157.38	0.130	0.350	0.150	0.100
	电焊机综合	台班 100.64	1.890	1.260	1.050	0.700
	其他机械费	元 –	5.660	6.370	6.300	6.470

工作内容:同前

单位:t

定　额　编　号				6-5-30	6-5-31	6-5-32	6-5-33
项　　　　目				挡风板	檩条		
					型钢式	组合式	二合一式
基　　　价　（元）				**4955.87**	**4971.85**	**5749.50**	**5931.42**
其中	人　工　费　（元）			464.10	353.33	870.98	999.08
	材　料　费　（元）			4028.50	4289.53	4407.04	4375.10
	机　械　费　（元）			463.27	328.99	471.48	557.24
名　　　称		单位	单价（元）	数　　　　　　　量			
人工	综合工日	工日	75.00	6.188	4.711	11.613	13.321
材料	钢板综合	kg	3.75	966.000	－	65.000	112.000
	型钢综合	kg	4.00	76.000	1045.000	995.000	940.000
	电焊条 结422 ϕ2.5	kg	5.04	8.800	4.800	19.200	19.200
	螺栓	kg	8.90	1.200	1.200	1.200	1.200
	氧气	m³	3.60	2.700	4.900	5.000	6.000
	乙炔气	m³	25.20	0.900	1.630	1.670	2.000

续前

定　额　编　号				6-5-30	6-5-31	6-5-32	6-5-33
项　　　　目				挡风板	檩条		
					型钢式	组合式	二合一式
材料	其他材料费	元	–	14.570	15.940	15.760	15.650
机械	电动单梁式起重机 10t	台班	356.89	0.200	0.200	0.200	0.200
	龙门式起重机 20t	台班	672.97	0.010	0.010	0.010	0.010
	平板拖车组 20t	台班	1264.92	0.080	0.080	0.080	0.080
	电动空气压缩机 6m³/min	台班	338.45	0.050	0.050	0.050	0.050
	型钢剪断机 500mm	台班	238.96	0.008	0.057	0.057	0.157
	剪板机 40mm×3100mm	台班	775.86	0.106	–	0.010	0.080
	型钢矫正机	台班	131.92	0.019	0.110	0.110	0.150
	多辊板料校平机 16mm×2500mm	台班	1855.90	0.043	–	0.005	0.006
	摇臂钻床 φ50mm	台班	157.38	0.100	0.350	0.350	0.350
	电焊机综合	台班	100.64	0.770	0.420	1.680	1.680
	其他机械费	元	–	7.350	7.280	5.930	6.350

工作内容:同前

单位:t

定　额　编　号				6-5-34	6-5-35	6-5-36
项　　　　　目				支撑	墙皮柱	墙皮梁
基　　　价　（元）				**5154.75**	**5281.16**	**5321.44**
其中	人　　工　　费　（元）			447.60	494.03	487.20
	材　　料　　费　（元）			4255.61	4257.98	4224.07
	机　　械　　费　（元）			451.54	529.15	610.17
名　　　　　称		单位	单价（元）	数		量
人工	综合工日	工日	75.00	5.968	6.587	6.496
材料	钢板综合	kg	3.75	235.000	317.000	367.000
	型钢综合	kg	4.00	812.000	730.000	676.000
	电焊条 结 422 φ2.5	kg	5.04	12.000	14.400	11.200
	螺栓	kg	8.90	1.200	1.200	1.200
	氧气	m³	3.60	3.300	4.200	5.100
	乙炔气	m³	25.20	1.100	1.400	1.700

定　　额　　编　　号			6-5-34	6-5-35	6-5-36
项　　　　　目			支撑	墙皮柱	墙皮梁
材料	其他材料费	元	–	15.600	15.570	15.490
机 械	电动单梁式起重机 10t	台班	356.89	0.200	0.200	0.200
	龙门式起重机 20t	台班	672.97	0.010	0.010	0.010
	平板拖车组 20t	台班	1264.92	0.080	0.080	0.080
	电动空气压缩机 6m³/min	台班	338.45	0.050	0.050	0.050
	型钢剪断机 500mm	台班	238.96	0.082	0.075	0.700
	剪板机 40mm×3100mm	台班	775.86	0.013	0.017	0.010
	型钢矫正机	台班	131.92	0.199	0.183	0.169
	多辊板料校平机 16mm×2500mm	台班	1855.90	0.011	0.007	0.008
	刨边机 12000mm	台班	777.63	0.015	0.088	0.022
	摇臂钻床 φ50mm	台班	157.38	0.350	0.400	0.500
	电焊机综合	台班	100.64	1.050	1.260	0.980
	其他机械费	元	–	6.550	6.490	7.350

四、平台、梯子制作

工作内容:材料运输、放样、号料、切割、平板、调直、组对、焊接、钻孔、成品校正、编号等工序。

单位:t

定 额 编 号				6-5-37	6-5-38	6-5-39
项 目				拉杆螺栓	弯钩螺栓	轻型工作台
基 价 （元）				**6743.77**	**10124.69**	**5207.78**
其中	人 工 费 （元）			483.00	1778.70	519.23
	材 料 费 （元）			5236.13	5929.04	4200.55
	机 械 费 （元）			1024.64	2416.95	488.00
名 称		单位	单价(元)	数		量
人工	综合工日	工日	75.00	6.440	23.716	6.923
材料	钢板综合	kg	3.75	－	－	627.000
	型钢综合	kg	4.00	－	－	422.000
	光圆钢筋（综合）	kg	3.90	904.000	854.000	－
	电焊条 结 422 φ2.5	kg	5.04	4.800	－	16.800
	螺栓	kg	8.90	0.600	0.600	1.200
	氧气	m³	3.60	2.600	2.200	4.200
	精制六角螺母	kg	11.75	139.000	217.000	－

定 额 编 号			6-5-37	6-5-38	6-5-39
项 目			拉杆螺栓	弯钩螺栓	轻型工作台
材料	乙炔气	m³	25.20	0.870	0.730	1.400
	其他材料费	元	–	16.460	17.030	15.550
机械	电动单梁式起重机 10t	台班	356.89	0.200	0.200	0.200
	龙门式起重机 20t	台班	672.97	0.010	0.010	0.010
	平板拖车组 20t	台班	1264.92	0.080	0.080	0.080
	电动空气压缩机 6m³/min	台班	338.45	0.050	0.050	0.050
	型钢剪断机 500mm	台班	238.96	0.500	0.500	0.043
	剪板机 40mm×3100mm	台班	775.86	–	–	0.034
	型钢矫正机	台班	131.92	–	0.286	0.105
	多辊板料校平机 16mm×2500mm	台班	1855.90	–	–	0.014
	刨边机 12000mm	台班	777.63	–	–	0.014
	摇臂钻床 φ50mm	台班	157.38	0.600	–	0.320
	电焊机综合	台班	100.64	0.420	–	1.470
	普通车床 630mm×2000mm	台班	187.70	3.000	10.940	–
	其他机械费	元	–	9.140	10.080	6.100

工作内容:同前

定　额　编　号			6-5-40	6-5-41	6-5-42	6-5-43
项　　　　目			走台		爬梯	踏步梯
			轻型	重型		
基　　　价　（元）			**5381.42**	**5695.67**	**5427.78**	**5731.31**
其中	人　工　费　（元）		802.20	815.85	837.38	1125.08
	材　料　费　（元）		4155.54	4324.33	4195.21	4139.14
	机　械　费　（元）		423.68	555.49	395.19	467.09
名　　　　称	单位	单价(元)	数			量
人工 综合工日	工日	75.00	10.696	10.878	11.165	15.001
材料 钢板综合	kg	3.75	543.000	–	399.000	936.000
型钢综合	kg	4.00	499.000	1039.000	642.000	111.000
电焊条 结422 $\phi2.5$	kg	5.04	8.000	16.000	14.400	21.600
螺栓	kg	8.90	1.200	1.200	1.200	1.200
氧气	m³	3.60	4.700	5.100	2.700	4.200
料 乙炔气	m³	25.20	1.570	1.700	0.900	1.400

续前

定 额 编 号			6-5-40	6-5-41	6-5-42	6-5-43
项 目			走台		爬梯	踏步梯
			轻型	重型		
材料	其他材料费	元	–	15.810	15.810	15.300	15.200
机械	电动单梁式起重机 10t	台班	356.89	0.200	0.200	0.200	0.200
	龙门式起重机 20t	台班	672.97	0.010	0.010	0.010	0.010
	平板拖车组 20t	台班	1264.92	0.080	0.229	0.080	0.080
	电动空气压缩机 6m³/min	台班	338.45	0.050	0.050	0.050	0.050
	型钢剪断机 500mm	台班	238.96	0.027	0.051	0.079	0.011
	剪板机 40mm×3100mm	台班	775.86	0.029	–	0.012	0.031
	型钢矫正机	台班	131.92	0.122	0.050	0.066	0.028
	多辊板料校平机 16mm×2500mm	台班	1855.90	0.012	–	0.009	0.011
	刨边机 12000mm	台班	777.63	0.056	–	–	0.011
	摇臂钻床 φ50mm	台班	157.38	0.250	0.030	0.080	0.100
	电焊机综合	台班	100.64	0.700	1.400	1.260	1.890
	其他机械费	元	–	6.800	6.390	5.970	5.580

工作内容:同前

定 额 编 号			6-5-44	6-5-45	6-5-46	6-5-47	6-5-48
项 目			联合平台(t)				
			10	20	40	60	80
基 价 (元)			**5768.99**	**5754.14**	**5698.87**	**5637.64**	**5592.53**
其中	人 工 费 (元)		1060.50	1029.53	998.55	957.08	927.15
	材 料 费 (元)		4336.41	4364.41	4352.63	4343.71	4336.28
	机 械 费 (元)		372.08	360.20	347.69	336.85	329.10
名 称	单位	单价(元)	数			量	
人工 综合工日	工日	75.00	14.140	13.727	13.314	12.761	12.362
材料 钢板综合	kg	3.75	427.000	425.000	424.000	424.000	424.000
型钢综合	kg	4.00	623.000	635.000	636.000	636.000	636.000
电焊条 结 422 ϕ2.5	kg	5.04	17.928	17.464	16.936	16.240	15.712
氧气	m³	3.60	9.450	9.100	8.750	8.360	7.990
乙炔气	m³	25.20	3.150	3.030	2.920	2.790	2.660
垫板(钢板 δ=10)	kg	4.56	4.170	2.880	1.710	1.550	1.520
精制六角螺栓	kg	9.66	0.500	0.500	0.500	0.500	0.500
其他材料费	元	—	15.560	15.560	15.560	15.560	15.530
机械 剪板机 40mm×3100mm	台班	775.86	0.022	0.022	0.022	0.022	0.022
电焊机综合	台班	100.64	1.569	1.528	1.482	1.421	1.375
型钢矫正机	台班	131.92	0.052	0.053	0.053	0.053	0.053
型钢剪断机 500mm	台班	238.96	0.053	0.053	0.053	0.053	0.053
摇臂钻床 ϕ50mm	台班	157.38	0.300	0.250	0.200	0.170	0.150
汽车式起重机 8t	台班	728.19	0.146	0.146	0.146	0.146	0.146
鼓风机 8m³/min 以内	台班	85.41	0.210	0.210	0.210	0.210	0.210
其他机械费	元	—	6.120	6.100	6.090	6.110	6.140

五、栏杆、门窗、屋面板制作

工作内容:材料运输、放样、号料、切割、平板、调直、组对、焊接、钻孔、成品校正、编号等工序。

单位:t

定 额 编 号			6-5-49	6-5-50	6-5-51
项 目			栏杆		
			角钢	圆钢	钢管
基 价 (元)			**5165.69**	**5553.68**	**5729.81**
其 中	人 工 费 (元)		565.95	947.63	987.00
	材 料 费 (元)		4221.99	4210.82	4349.44
	机 械 费 (元)		377.75	395.23	393.37
名 称	单位	单价(元)	数		量
人 工 综合工日	工日	75.00	7.546	12.635	13.160
材 料 钢板综合	kg	3.75	228.000	161.000	10.000
型钢综合	kg	4.00	811.000	875.000	1035.000
电焊条 结422 $\phi2.5$	kg	5.04	12.800	9.600	16.000
螺栓	kg	8.90	1.200	1.200	1.200
氧气	m³	3.60	2.700	2.700	5.400

定　额　编　号			6-5-49	6-5-50	6-5-51
项　　　　目			栏杆		
			角钢	圆钢	钢管
材	乙炔气	m³	25.20	0.900	0.900	1.800
料	其他材料费	元	－	15.400	15.610	15.820
机	电动单梁式起重机 10t	台班	356.89	0.200	0.200	0.200
	龙门式起重机 20t	台班	672.97	0.010	0.010	0.010
	平板拖车组 20t	台班	1264.92	0.080	0.080	0.080
	电动空气压缩机 6m³/min	台班	338.45	0.050	0.050	0.050
	型钢剪断机 500mm	台班	238.96	0.103	0.090	0.090
	剪板机 40mm×3100mm	台班	775.86	0.012	0.090	0.010
	型钢矫正机	台班	131.92	0.100	0.068	0.090
	多辊板料校平机 16mm×2500mm	台班	1855.90	0.004	0.004	0.005
械	电焊机综合	台班	100.64	1.200	0.840	1.400
	其他机械费	元	－	6.220	6.740	5.830

定　额　编　号			6-5-52	6-5-53	6-5-54	6-5-55
项　　　　　目			门框	大门	铁栅窗	百叶窗
基　　　价　（元）			**5248.20**	**5804.26**	**5558.71**	**6064.57**
其 中	人　工　费（元）		618.98	1302.00	911.40	1248.75
	材　料　费（元）		4245.07	4115.93	4226.67	4218.48
	机　械　费（元）		384.15	386.33	420.64	597.34
名　　　　称	单位	单价（元）	数		量	
人工	综合工日	工日	75.00	8.253	17.360	12.152	16.650
材 料	钢板综合	kg	3.75	226.000	727.000	127.000	698.000
	型钢综合	kg	4.00	816.000	315.000	906.000	343.000
	电焊条 结 422 ϕ2.5	kg	5.04	12.000	12.800	12.000	32.800
	螺栓	kg	8.90	1.200	1.200	1.200	1.200
	氧气	m³	3.60	3.900	3.300	3.300	3.200
	乙炔气	m³	25.20	1.300	1.100	1.100	1.070

续前

定 额 编 号			6-5-52	6-5-53	6-5-54	6-5-55
项 目			门框	大门	铁栅窗	百叶窗
材料	其他材料费	元	–	15.610	14.890	15.660	14.500
机 械	电动单梁式起重机 10t	台班	356.89	0.200	0.200	0.200	0.200
	龙门式起重机 20t	台班	672.97	0.010	0.010	0.010	0.010
	平板拖车组 20t	台班	1264.92	0.080	0.080	0.080	0.080
	电动空气压缩机 6m³/min	台班	338.45	0.050	0.050	0.050	0.050
	型钢剪断机 500mm	台班	238.96	0.084	0.032	0.093	0.035
	剪板机 40mm×3100mm	台班	775.86	0.012	0.039	0.007	0.088
	型钢矫正机	台班	131.92	0.104	0.079	0.277	0.085
	多辊板料校平机 16mm×2500mm	台班	1855.90	0.005	0.009	0.003	0.006
	刨边机 12000mm	台班	777.63	–	0.006	0.004	–
	摇臂钻床 φ50mm	台班	157.38	0.150	0.010	0.250	0.050
	电焊机综合	台班	100.64	1.050	1.120	1.050	2.870
	其他机械费	元	–	6.270	6.120	6.520	5.420

工作内容:同前

单位:t

定　额　编　号				6-5-56	6-5-57	6-5-58
项　　　　目				天窗架	钢屋面	波形屋面
基　　价　（元）				**5761.44**	**4872.27**	**5510.81**
其 中	人　工　费　（元）			1066.80	500.33	870.98
	材　料　费　（元）			4248.63	3952.47	3904.70
	机　械　费　（元）			446.01	419.47	735.13
名　　　　称		单位	单价(元)	数		量
人工	综合工日	工日	75.00	14.224	6.671	11.613
材 料	钢板综合	kg	3.75	223.000	1037.000	1036.000
	型钢综合	kg	4.00	817.000	–	–
	电焊条 结422 φ2.5	kg	5.04	12.000	4.800	–
	螺栓	kg	8.90	1.200	1.200	0.600
	氧气	m³	3.60	4.800	1.200	–
	乙炔气	m³	25.20	1.600	0.400	–
	其他材料费	元	–	15.620	14.450	14.360

单位:t

定 额 编 号			6-5-56	6-5-57	6-5-58
项 目			天窗架	钢屋面	波形屋面
机	电动单梁式起重机 10t	台班	356.89	0.200	0.200	0.200
	龙门式起重机 20t	台班	672.97	0.010	0.010	0.010
	平板拖车组 20t	台班	1264.92	0.080	0.080	0.080
	电动空气压缩机 10m³/min	台班	519.44	0.050	0.050	0.050
	型钢剪断机 500mm	台班	238.96	0.084	–	–
	剪板机 40mm×3100mm	台班	775.86	0.012	0.114	–
	型钢矫正机	台班	131.92	0.203	–	–
	多辊板料校平机 10mm×2000mm	台班	1240.71	0.005	0.023	–
	刨边机 12000mm	台班	777.63	–	0.011	–
	卷板机 40mm×4000mm	台班	1159.29	–	–	0.400
	摇臂钻床 φ50mm	台班	157.38	0.420	0.250	0.360
械	电焊机综合	台班	100.64	1.050	0.420	–
	其他机械费	元	–	6.600	7.040	9.480

工作内容:同前

定　　额　　编　　号				6-5-59	6-5-60	6-5-61
项　　　　　　目				槽形屋面	板檩合一屋面	钢天沟
基　　价　　(元)				**5388.14**	**5756.43**	**5594.17**
其中	人　工　费　(元)			818.48	818.48	774.30
	材　料　费　(元)			3901.05	4029.71	4109.30
	机　械　费　(元)			668.61	908.24	710.57
名　　　　称		单位	单价(元)	数		量
人工	综合工日	工日	75.00	10.913	10.913	10.324
材料	钢板综合	kg	3.75	1035.000	1060.000	1060.000
	电焊条 结422 φ2.5	kg	5.04	–	–	16.800
	螺栓	kg	8.90	0.600	0.600	1.200
	氧气	m³	3.60	–	2.900	1.680
	乙炔气	m³	25.20	–	0.970	0.730
	其他材料费	元	–	14.460	14.490	14.500
机械	电动单梁式起重机10t	台班	356.89	0.200	0.200	0.200
	龙门式起重机20t	台班	672.97	0.010	0.010	0.010
	平板拖车组20t	台班	1264.92	0.080	0.080	0.080
	电动空气压缩机10m³/min	台班	519.44	0.050	0.050	0.050
	油压机1000t	台班	1731.15	–	0.300	–
	剪板机40mm×3100mm	台班	775.86	–	0.114	0.130
	多辊板料校平机10mm×2000mm	台班	1240.71	0.023	0.025	0.025
	刨边机12000mm	台班	777.63	–	–	0.001
	卷板机40mm×4000mm	台班	1159.29	0.320	–	–
	摇臂钻床 φ50mm	台班	157.38	0.350	0.350	0.250
	电焊机综合	台班	100.64	–	–	3.259
	其他机械费	元	–	8.740	9.070	5.310

六、H 型 钢 主 构 件

工作内容:材料运输、放样、号料、切割、平板、调直、组对、焊接、钻孔、成品校正、编号等工序。

单位:t

定 额 编 号			6-5-62	6-5-63	6-5-64	6-5-65
项 目			轻型结构		空腹柱	钢平台
			柱	梁		
基 价 （元）			**5197.47**	**5147.45**	**5407.53**	**5316.02**
其中	人 工 费 （元）		540.75	464.10	708.75	539.70
	材 料 费 （元）		4276.51	4316.12	4292.30	4253.84
	机 械 费 （元）		380.21	367.23	406.48	522.48
名 称	单位	单价(元)	数		量	
人工 综合工日	工日	75.00	7.210	6.188	9.450	7.196
材料 钢板综合	kg	3.75	229.000	87.000	200.000	571.000
型钢综合	kg	4.00	831.000	973.000	860.000	489.000
电焊条 结422 $\phi2.5$	kg	5.04	8.384	7.200	11.008	16.800
螺栓	kg	8.90	1.200	1.200	1.200	1.200
氧气	m³	3.60	2.800	3.500	2.480	4.200

单位:t

定 额 编 号			6-5-62	6-5-63	6-5-64	6-5-65
项 目			轻型结构		空腹柱	钢平台
			柱	梁		
材料	乙炔气	m³	25.20	1.220	1.520	1.080	1.830
机	电动单梁式起重机 10t	台班	356.89	0.200	0.200	0.200	0.200
	龙门式起重机 20t	台班	672.97	0.010	0.010	0.010	0.010
	平板拖车组 20t	台班	1264.92	0.080	0.080	0.080	0.080
	电动空气压缩机 10m³/min	台班	519.44	0.050	0.050	0.050	0.050
	型钢剪断机 500mm	台班	238.96	0.095	0.095	0.095	0.043
	剪板机 40mm×3100mm	台班	775.86	0.007	0.007	0.007	0.034
	型钢矫正机	台班	131.92	0.100	0.100	0.100	0.105
	多辊板料校平机 10mm×2000mm	台班	1240.71	0.003	0.003	0.003	0.014
	刨边机 12000mm	台班	777.63	0.018	0.018	0.018	0.018
械	电焊机综合	台班	100.64	0.917	0.788	1.178	1.838
	摇臂钻床 φ50mm	台班	157.38	0.150	0.150	0.150	0.320

七、球节点钢网架

工作内容:定位、放线、放样、搬运材料、制作拼装、刷底漆。

单位:t

定 额 编 号				6-5-66	
项 目				网架结构	
基 价 (元)				**6404.62**	
其中	人 工 费 (元)			1794.98	
	材 料 费 (元)			3983.62	
	机 械 费 (元)			626.02	
名 称		单位	单价(元)	数 量	
人工	综合工日	工日	75.00	23.933	
材料	钢板综合	kg	3.75	56.000	
	型钢综合	kg	4.00	902.000	
	电焊条 结422 φ2.5	kg	5.04	23.933	
	氧气	m³	3.60	3.000	
	乙炔气	m³	25.20	1.000	
	二等方木 综合	m³	1800.00	0.005	
机械	载货汽车 8t	台班	619.25	0.390	
	其他机械费	元	—	384.510	

第六章　其他冶金工艺结构制作

说　明

一、工作内容包括:放样、号料、切割、坡口、打头、卷圈、找圆、组对、点焊、焊接。

二、烟道制作包括圆形、矩形,消耗量综合取定,不论断面大小均按本定额执行。

三、钢烟囱制作消耗综合取定,实际使用时在规定范围内直接套用,消耗不作调整。

一、烟囱、烟道制作

工作内容:放样、号料、切割、剪切、坡口、修口、卷圆压头、找圆、人孔、清扫孔等配件安装、异径弯头制造。

单位:t

定　额　编　号				6-6-1	6-6-2	6-6-3	6-6-4
项　　　目				烟道制作		烟囱制作(直径)	
				圆筒形	矩形	600mm以内	1200mm以内
基　　　价　（元）				**5544.06**	**6185.29**	**5567.55**	**5252.05**
其中	人　工　费　（元）			860.48	1161.83	719.25	555.98
	材　料　费　（元）			4224.69	4372.94	4136.59	4123.77
	机　械　费　（元）			458.89	650.52	711.71	572.30
名　　　称		单位	单价(元)	数		量	
人工	综合工日	工日	75.00	11.473	15.491	9.590	7.413
材料	钢板综合	kg	3.75	1026.000	1045.000	1060.000	1060.000
	型钢综合	kg	4.00	54.000	55.000	—	—
	电焊条 结422 φ2.5	kg	5.04	15.370	23.176	16.384	14.584
	氧气	m³	3.60	6.570	9.200	4.650	4.370

定 额 编 号			6-6-1	6-6-2	6-6-3	6-6-4
项 目			烟道制作		烟囱制作(直径)	
			圆筒形	矩形	600mm 以内	1200mm 以内
材 料	乙炔气	m³	25.20	2.190	3.070	1.550	1.460
	二等方木 综合	m³	1800.00	–	–	0.010	0.010
	其他材料费	元	–	4.890	6.900	5.210	4.740
机 械	直流弧焊机 30kW	台班	103.34	1.966	2.898	2.240	1.729
	电焊条烘干箱 60×50×75cm³	台班	28.84	0.280	0.416	0.320	0.250
	剪板机 20mm×2500mm	台班	302.52	0.080	0.140	0.150	0.120
	卷板机 30mm×3000mm	台班	563.46	0.280	0.410	0.150	0.120
	汽车式起重机 16t	台班	1071.52	–	–	0.220	0.180
	载货汽车 6t	台班	545.58	0.020	0.020	0.020	0.020
	载货汽车 10t	台班	782.33	0.070	0.070	–	–
	内燃空气压缩机 6m³/min	台班	524.78	–	–	0.180	0.150

二、漩流沉淀池钢内筒制作

工作内容:放样、号料、切割、剪切、坡口、修口、卷圆压头、找圆、配件安装等。

单位:t

定　额　编　号	6-6-5
项　　　　目	钢内筒制作
基　　　价　（元）	**7001.14**

其中	人　工　费　（元）	926.25
	材　料　费　（元）	4630.04
	机　械　费　（元）	1444.85

	名　　　　　　称	单位	单价（元）	数　　　　　量
人工	综合工日	工日	75.00	12.350
材料	钢板综合	kg	3.75	1088.000
	型钢综合	kg	4.00	62.000
	电焊条 结422 $\phi2.5$	kg	5.04	19.488
	带帽螺栓	kg	8.40	1.240
	氧气	m³	3.60	13.000
	乙炔气	m³	25.20	5.217
	其他材料费	元	—	15.140

定　额　编　号				6-6-5
项　　　　目				钢内筒制作
机	电动单梁式起重机 10t	台班	356.89	0.510
	龙门式起重机 20t	台班	672.97	0.210
	平板拖车组 20t	台班	1264.92	0.216
	无油空气压缩机 9m³/min	台班	554.38	0.120
	型钢剪断机 500mm	台班	238.96	0.050
	型钢矫正机	台班	131.92	0.050
	剪板机 40mm×3100mm	台班	775.86	0.220
	多辊板料校平机 10mm×2000mm	台班	1240.71	0.125
	刨边机 12000mm	台班	777.63	0.084
	卷板机 40mm×4000mm	台班	1159.29	0.090
	摇臂钻床 ϕ50mm	台班	157.38	0.150
械	电焊机综合	台班	100.64	2.100
	电焊条烘干箱 60×50×75cm³	台班	28.84	0.750
	其他机具费	元	—	11.200

三、轧钢钢结构制作

工作内容:材料运输、放样、号料、切割、平板、调直、组对、焊接、钻孔、成品校正、编号等工序。

单位:t

定 额 编 号				6-6-6	6-6-7
项 目				冷线、热线钢结构	光亮塔钢结构
基 价 (元)				**5717.64**	**6256.05**
其中	人 工 费 (元)			953.63	1404.00
	材 料 费 (元)			4420.18	4378.27
	机 械 费 (元)			343.83	473.78
名 称		单位	单价(元)	数	量
人工	综合工日	工日	75.00	12.715	18.720
材料	型钢综合	kg	4.00	901.000	412.000
	钢板综合	kg	3.75	159.000	648.000
	电焊条 结422 $\phi2.5$	kg	5.04	16.040	20.080
	氧气	m³	3.60	8.060	13.500
	乙炔气	m³	25.20	3.030	5.170

定 额 编 号				6-6-6	6-6-7
项 目				冷线、热线钢结构	光亮塔钢结构
材	钢垫板 $\delta = 2.5 \sim 5$	kg	4.60	3.200	–
	精制六角带帽螺栓	kg	6.90	0.500	0.750
料	其他材料费	元	–	15.550	15.010
机	鼓风机 8m³/min 以内	台班	85.41	0.021	0.250
	汽车式起重机 16t	台班	1071.52	0.146	0.160
	型钢剪断机 500mm	台班	238.96	0.053	0.064
	型钢矫正机	台班	131.92	0.053	0.064
	剪板机 40mm×3100mm	台班	775.86	0.022	0.035
	摇臂钻床 ϕ50mm	台班	157.38	0.020	0.370
	电焊机综合	台班	100.64	1.386	1.642
械	其他机械费	元	–	6.230	6.610

四、冶炼系统钢结构制作

工作内容: 材料运输、放样、号料、切割、平板、调直、组对、焊接、钻孔、成品校正、编号等工序。

单位:t

定 额 编 号				6-6-8	6-6-9	6-6-10	6-6-11	6-6-12
项 目				塔楼钢结构	VOD 钢结构	RH 钢结构	LF 钢结构	脱硫钢结构
基 价 (元)				**6564.22**	**5958.49**	**5903.19**	**5839.15**	**5793.24**
其 中	人 工 费 (元)			1096.20	1061.10	1030.35	986.03	955.28
	材 料 费 (元)			4295.74	4283.18	4271.11	4262.20	4254.77
	机 械 费 (元)			1172.28	614.21	601.73	590.92	583.19
	名 称	单位	单价(元)	数		量		
人 工	综合工日	工日	75.00	14.616	14.148	13.738	13.147	12.737
材 料	钢板综合	kg	3.75	742.000	742.000	742.000	742.000	742.000
	型钢综合	kg	4.00	318.000	318.000	318.000	318.000	318.000
	电焊条 结422 $\phi2.5$	kg	5.04	17.928	17.464	16.936	16.240	15.712
	氧气	m^3	3.60	9.450	9.100	8.750	8.360	7.990
	乙炔气	m^3	25.20	3.150	3.030	2.920	2.790	2.660

续前

定 额 编 号				6-6-8	6-6-9	6-6-10	6-6-11	6-6-12
项 目				塔楼钢结构	VOD 钢结构	RH 钢结构	LF 钢结构	脱硫钢结构
材 料	钢垫板 δ=2.5~5	kg	4.60	4.170	2.880	1.710	1.550	1.520
	精制六角带帽螺栓	kg	6.90	0.500	0.500	0.500	0.500	0.500
	其他材料费	元	–	14.850	14.850	14.850	14.870	14.840
机 械	鼓风机 8m³/min 以内	台班	85.41	0.210	0.210	0.210	0.210	0.210
	吊装机械综合(3)	台班	2458.84	–	0.146	0.146	0.146	0.146
	吊装机械综合(4)	台班	6192.31	0.146	–	–	–	–
	型钢剪断机 500mm	台班	238.96	0.053	0.053	0.053	0.053	0.053
	型钢矫正机	台班	131.92	0.052	0.053	0.053	0.053	0.053
	剪板机 40mm×3100mm	台班	775.86	0.022	0.022	0.022	0.022	0.022
	摇臂钻床 φ50mm	台班	157.38	0.300	0.250	0.200	0.170	0.150
	电焊机综合	台班	100.64	1.569	1.528	1.482	1.421	1.375
	其他机械费	元	–	8.550	7.430	7.450	7.500	7.550

五、连铸系统钢结构制作

工作内容：材料运输、放样、号料、切割、平板、调直、组对、焊接、钻孔、成品校正、编号等工序。

单位：t

定　额　编　号			6-6-13	6-6-14
项　　目			连铸平台钢结构	中包检修平台钢结构
基　价（元）			**5775.24**	**5745.04**
其中	人　工　费（元）		847.80	826.20
	材　料　费（元）		4486.89	4486.89
	机　械　费（元）		440.55	431.95
名　　称	单位	单价（元）	数	量
人工 综合工日	工日	75.00	11.304	11.016
材料 钢板综合	kg	3.75	143.000	143.000
型钢综合	kg	4.00	917.000	917.000
电焊条 结 422 ϕ2.5	kg	5.04	16.936	16.936
氧气	m³	3.60	8.750	8.750
乙炔气	m³	25.20	2.920	2.920

单位:t

定　额　编　号				6-6-13	6-6-14
项　　　　　目				连铸平台钢结构	中包检修平台钢结构
材料	钢垫板 δ = 2.5 ~ 5	kg	4.60	1.710	1.710
	焦炭	kg	1.50	38.300	38.300
	木柴	kg	0.95	8.250	8.250
	精制六角带帽螺栓	kg	6.90	0.500	0.500
	其他材料费	元	–	15.600	15.600
机械	鼓风机 8m³/min 以内	台班	85.41	0.230	0.230
	汽车式起重机 16t	台班	1071.52	0.150	0.150
	型钢剪断机 500mm	台班	238.96	0.055	0.055
	型钢矫正机	台班	131.92	0.054	0.055
	剪板机 40mm × 3100mm	台班	775.86	0.025	0.025
	摇臂钻床 φ50mm	台班	157.38	0.350	0.320
	电焊机综合	台班	100.64	1.579	1.539
	其他机械费	元	–	6.520	6.540

下篇　冶金金属结构件安装

说　明

一、本定额是根据现行的国家施工验收规范、安全操作规程、工人技术等级标准和劳动法令,结合冶金建设的技术条件和施工条件(包括工厂化、机械化程度),按照社会平均的原则制定的。

二、本定额是按构件完整无损,经过出厂检验,质量合格,并且合乎设计要求等考虑的。

三、本定额包括以下工作内容:

1. 倒运:构件由工地临时堆置场运往安装地点,包括挑料、装卸车、运输等。

2. 安装:复查基础、构件微小变形的修理、构件的临时加固、就位、吊装、找正、固定、绑扎脚手架、吊架、简单起重工具的设置、移动与拆除等。

3. 焊接:临时点焊,固定及焊接工作等。

四、本定额中未详细列出的零星材料消耗和配合机械,均已包括在其他材料费和其他机械费中。

五、拼装与安装若用螺栓等连接材料时,按设计用量及规定的损耗计算,然后乘以材料预算价格,计入直接费中(螺栓安装的人工已包括在定额中,不另计算。焊条及焊机作相应核减)。

六、安装工程量的计算:按构件制作重量计算(即构件主材重量)。

七、本定额系全部采用机械化施工,吊装与倒运机械是按不同的施工对象分类加权综合考虑的,如实际采用的施工机械与定额不符时,一律不作换算。

八、薄壁冷弯型钢组成的轻型结构安装,按相应定额子目乘以系数1.2。

九、吊装机械及倒运机械按以下四种类型配备:

第一类:跨度小于18m、柱距在6m以内的单层冶金厂房。

第二类:跨度大于 18m、小于 30m 的单层厂房以及冶金炉结构(除高炉、平炉结构外)和其他冶金工艺结构。

第三类:高炉结构以及多跨、多层(高度高于 30m)、跨度在 30m 以上以及柱距大于 12m 的大型厂房。

第四类:高炉结构以及多跨、多层(高度高于 60m)、跨度在 30m 以上以及柱距大于 12m 的大型厂房及冶金工艺结构。

十、拆除工程中,凡拆除后构件不再利用,其费用按安装定额的 40% 计算,如构件尚需利用,其费用则按安装定额的 60%。

十一、构件安装高度超过 30m 和 45m 时,其安装工日及吊装机械台班应分别乘以系数 1.1 和 1.2。执行此条款后,不允许再另外调整机械费(定额内已考虑四类吊装机械的除外)。

第七章　冶金炉结构安装

说　　明

一、下列各项定额包括的范围如下：

1. 高炉三壳：包括炉壳、底板、支座、砖托。

2. 高炉斜桥：包括支架、桁架及其横梁支撑与轨道。

3. 高炉管道：包括热风直管、围管及其支梁、上升下降管。

4. 高炉梯子平台：包括安装在高炉、热风炉、除尘器、洗涤塔及斜桥上的梯子、平台、栏杆。

5. 炉顶钢架：包括龙门框架、刚架、布料器小房、炉体框架。

6. 其他工业炉类：包括加热炉、焙烧炉、还原炉、退火炉等。

7. 其他工业窑等：包括隧道窑等。

二、定额不包括焊接前后的热处理。

三、热风炉试压定额，可适用于高炉管道试压。

四、高炉三壳安装的专用措施费，按施工组织设计，另计费用。

一、高炉结构安装

工作内容: 构件现场倒运、复查基础、构件微小变形的修理、构件的临时加固、就位、吊装、找正、固定、吊架、简单起重工具的
设置、移动与拆除、临时点焊、固定及焊接工作。

单位:t

定 额 编 号				6-7-1	6-7-2	6-7-3	6-7-4
项 目				高炉外壳			
				高炉容积(m³)			
				1033 以内	2586 以内	4063 以内	4063 以上
基 价 (元)				**1715.65**	**1651.38**	**1585.46**	**1842.65**
其中	人 工 费 (元)			373.60	364.00	354.80	276.80
	材 料 费 (元)			276.68	272.36	268.45	261.05
	机 械 费 (元)			1065.37	1015.02	962.21	1304.80
名 称		单位	单价(元)	数		量	
人工	综合工日	工日	80.00	4.670	4.550	4.435	3.460
材料	电焊条 结 422 φ2.5	kg	5.04	34.840	33.020	31.200	28.480
	氧气	m³	3.60	4.690	4.640	4.640	4.640
	乙炔气	m³	25.20	1.560	1.550	1.550	1.550
	垫板(钢板 δ=10)	kg	4.56	4.640	5.800	6.960	8.350
	镀锌铁丝 8~12 号	kg	5.36	2.320	2.320	2.320	2.320
	炭精棒 8~12	根	1.50	6.000	6.000	6.000	6.000
	其他材料费	元	—	2.300	2.290	2.270	2.240
机械	吊装机械综合(3)	台班	2458.84	0.139	0.128	0.116	—
	吊装机械综合(4)	台班	6192.31	—	—	—	0.105
	拖车组综合	台班	1781.64	0.051	0.051	0.051	0.051
	倒运机械综合(3)	台班	2032.42	0.051	0.051	0.051	0.051
	电动空气压缩机 10m³/min	台班	519.44	0.340	0.330	0.320	0.310
	电焊机综合	台班	100.64	3.480	3.300	3.120	2.940
	其他机械费	元	—	2.240	2.240	2.250	3.180

工作内容:同前

单位:t

定 额 编 号			6-7-5	6-7-6	6-7-7	6-7-8
项 目			高炉支柱			溜槽防溅板
			高炉容积(m³)			
			1033 以内	2586 以内	2586 以上	
基 价 (元)			**891.41**	**837.66**	**783.37**	**1531.87**
其中	人 工 费 (元)		375.20	351.20	326.40	602.40
	材 料 费 (元)		70.47	66.32	62.42	217.08
	机 械 费 (元)		445.74	420.14	394.55	712.39
名 称	单位	单价(元)	数		量	
人工 综合工日	工日	80.00	4.690	4.390	4.080	7.530
材料 电焊条 结422 φ2.5	kg	5.04	2.100	2.000	1.900	24.500
氧气	m³	3.60	2.300	2.200	2.100	6.000
乙炔气	m³	25.20	0.770	0.730	0.700	2.000
垫板(钢板 δ=10)	kg	4.56	5.000	4.500	4.000	1.500
镀锌铁丝 8~12号	kg	5.36	1.000	1.000	1.000	2.000
其他材料费	元	–	4.040	4.040	4.040	4.040
机械 吊装机械综合(3)	台班	2458.84	0.120	0.110	0.100	0.120
拖车组综合	台班	1781.64	0.033	0.033	0.033	0.044
倒运机械综合(3)	台班	2032.42	0.033	0.033	0.033	0.044
电焊机综合	台班	100.64	0.210	0.200	0.190	2.450
其他机械费	元	–	3.680	3.680	3.680	2.940

工作内容:同前

单位:t

定　额　编　号			6-7-9	6-7-10	6-7-11	6-7-12
项　　　　目			炉顶框架			
			高炉容积(m³)			
			1033 以内	2586 以下	4063 以内	4063 以上
基　　价　(元)			**1131.64**	**1086.78**	**1043.18**	**1387.70**
其中	人　工　费　(元)		449.60	436.00	423.20	380.80
	材　料　费　(元)		90.55	90.36	90.62	91.66
	机　械　费　(元)		591.49	560.42	529.36	915.24
名　　　称	单位	单价(元)	数		量	
人工	综合工日	工日	80.00	5.620	5.450	5.290	4.760
材料	电焊条 结 422 φ2.5	kg	5.04	6.900	6.500	6.100	5.700
	氧气	m³	3.60	3.000	3.000	3.000	3.000
	乙炔气	m³	25.20	1.000	1.000	1.000	1.000
	垫板(钢板 δ=10)	kg	4.56	1.100	1.500	2.000	2.670
	镀锌铁丝 8~12 号	kg	5.36	2.000	2.000	2.000	2.000
	其他材料费	元	–	4.040	4.040	4.040	4.040
机械	吊装机械综合(3)	台班	2458.84	0.143	0.132	0.121	–
	吊装机械综合(4)	台班	6192.31	–	–	–	0.111
	拖车组综合	台班	1781.64	0.044	0.044	0.044	0.044
	倒运机械综合(3)	台班	2032.42	0.044	0.044	0.044	0.044
	电焊机综合	台班	100.64	0.690	0.650	0.610	0.570
	其他机械费	元	–	2.620	2.620	2.630	2.710

工作内容:同前

单位:t

定　额　编　号			6-7-13	6-7-14	6-7-15	6-7-16
项　　　　　　目			梯子、平台、栏杆	高炉斜桥		
				高炉容积(m³)		
				1033 以下	2586 以下	2586 以上
基　　　价　（元）			**1401.61**	**1220.97**	**1174.89**	**1140.34**
其中	人　工　费　（元）		603.20	449.60	438.40	427.20
	材　料　费　（元）		112.70	82.68	84.96	86.03
	机　械　费　（元）		685.71	688.69	651.53	627.11
名　　　称	单位	单价（元）	数		量	
人工	综合工日	工日	80.00	7.540	5.620	5.480	5.340
材料	电焊条 结422 φ2.5	kg	5.04	6.500	4.000	4.000	3.800
	氧气	m³	3.60	4.800	3.600	3.600	3.500
	乙炔气	m³	25.20	1.600	1.200	1.200	1.170
	垫板(钢板 δ=10)	kg	4.56	2.250	1.000	1.500	2.200
	镀锌铁丝 8~12 号	kg	5.36	1.500	2.000	2.000	2.000
	其他材料费	元	–	4.040	4.040	4.040	4.040
机械	吊装机械综合(3)	台班	2458.84	0.200	0.169	0.156	0.149
	拖车组综合	台班	1781.64	0.033	0.044	0.044	0.044
	倒运机械综合(3)	台班	2032.42	0.033	0.044	0.044	0.044
	电焊机综合	台班	100.64	0.650	0.400	0.400	0.380
	电动空气压缩机 10m³/min	台班	519.44	–	0.120	0.110	0.100
	其他机械费	元	–	2.660	2.740	2.740	2.740

工作内容:同前

单位:t

定 额 编 号			6-7-17	6-7-18	6-7-19	6-7-20	6-7-21	6-7-22
项 目			管道				钢砖衬板	料车坑防水层
			高炉容积(m³)					
			1033 以内	2586 以下	4063 以内	4063 以上		
基 价 (元)			**1283.08**	**1234.57**	**1179.71**	**1584.88**	**867.04**	**1105.00**
其中	人 工 费 (元)		356.00	337.60	319.20	302.00	260.00	310.80
	材 料 费 (元)		106.58	107.09	109.00	111.74	96.04	170.76
	机 械 费 (元)		820.50	789.88	751.51	1171.14	511.00	623.44
名 称	单位	单价(元)	数			量		
人工 综合工日	工日	80.00	4.450	4.220	3.990	3.775	3.250	3.885
材料 电焊条 结 422 φ2.5	kg	5.04	7.330	7.220	7.100	6.980	3.000	15.000
氧气	m³	3.60	3.890	3.890	3.890	3.890	4.000	4.800
乙炔气	m³	25.20	1.300	1.300	1.300	1.300	1.330	1.600
垫板(钢板 δ=10)	kg	4.56	1.440	1.670	2.220	2.950	4.000	5.000
镀锌铁丝 8~12 号	kg	5.36	1.110	1.110	1.110	1.110	2.000	2.000
炭精棒 8~12	根	1.50	6.000	6.000	6.000	6.000	–	–
其他材料费	元	–	1.360	1.370	1.380	1.400	4.040	4.040
机械 吊装机械综合(3)	台班	2458.84	0.159	0.147	0.134	–	0.120	0.140
吊装机械综合(4)	台班	6192.31	–	–	–	0.122	–	–
拖车组综合	台班	1781.64	0.049	0.049	0.049	0.049	0.033	0.033
倒运机械综合(3)	台班	2032.42	0.049	0.049	0.049	0.049	0.033	0.033
电动空气压缩机 10m³/min	台班	519.44	0.320	0.320	0.310	0.300	0.110	–
电焊机综合	台班	100.64	0.733	0.722	0.710	0.698	0.300	1.500
其他机械费	元	–	2.670	2.660	2.660	2.710	2.740	2.380

二、热风炉结构安装

工作内容:构件现场的倒运、复查基础、构件微小变形的修理、构件的临时加固、就位、吊装、找正、固定、吊架、简单起重工具的
设置、移动与拆除、临时点焊、固定及焊接工作。

单位:t

定 额 编 号			6-7-23	6-7-24	6-7-25	6-7-26
项 目			热风炉			
			高炉容积(m³)			
			1033 以内	2586 以内	4063 以内	4063 以上
基 价 (元)			**2089.82**	**1979.31**	**1887.49**	**2229.25**
其中	人 工 费 (元)		429.60	400.40	390.40	383.20
	材 料 费 (元)		285.84	282.39	278.41	276.71
	机 械 费 (元)		1374.38	1296.52	1218.68	1569.34
名 称	单位	单价(元)	数		量	
人工 综合工日	工日	80.00	5.370	5.005	4.880	4.790
材料 电焊条 结422 ϕ2.5	kg	5.04	31.500	29.900	28.300	27.600
氧气	m³	3.60	6.900	6.900	6.900	6.900
乙炔气	m³	25.20	2.300	2.300	2.300	2.300
炭精棒 8~12	根	1.50	8.000	8.000	8.000	8.000
垫板(钢板 δ=10)	kg	4.56	3.700	4.600	5.500	5.900
镀锌铁丝 8~12 号	kg	5.36	2.590	2.590	2.590	2.590
其他材料费	元	–	1.530	2.040	2.020	2.020
机械 吊装机械综合(3)	台班	2458.84	0.276	0.253	0.230	–
吊装机械综合(4)	台班	6192.31	–	–	–	0.150
拖车组综合	台班	1781.64	0.051	0.051	0.051	0.051
倒运机械综合(3)	台班	2032.42	0.051	0.051	0.051	0.051
电动空气压缩机 10m³/min	台班	519.44	0.350	0.340	0.330	0.320
电焊机综合	台班	100.64	3.150	2.990	2.830	2.760
其他机械费	元	–	2.400	2.390	2.400	1.990

定　额　编　号			6-7-27	6-7-28	6-7-29
项　　　　　目			热风炉		烟道及门框
			算子支柱	试压	
基　　　价　（元）			**875.34**	**172.53**	**1159.08**
其中	人　工　费　（元）		182.80	72.80	469.20
	材　料　费　（元）		68.80	29.84	214.16
	机　械　费　（元）		623.74	69.89	475.72
名　　　　　称	单位	单价（元）	数		量
人工	综合工日	工日	80.00	2.285	0.910	5.865
材料	电焊条 结 422 ϕ2.5	kg	5.04	4.000	0.900	24.000
	氧气	m³	3.60	2.000	0.550	6.000
	乙炔气	m³	25.20	0.670	0.180	2.000
	垫板（钢板 $\delta=10$）	kg	4.56	4.500	3.000	2.000
	镀锌铁丝 8~12 号	kg	5.36	–	0.200	1.500
	其他材料费	元	–	4.040	4.040	4.040
机械	吊装机械综合(3)	台班	2458.84	0.185	0.006	0.020
	拖车组综合	台班	1781.64	0.033	0.008	0.033
	倒运机械综合(3)	台班	2032.42	0.033	0.008	0.033
	电动空气压缩机 10m³/min	台班	519.44	–	0.025	0.110
	电焊机综合	台班	100.64	0.400	0.090	2.400
	其他机械费	元	–	2.730	2.580	2.000

三、其他工业炉窑结构安装

工作内容:构件现场的倒运、复查基础、构件微小变形的处理、构件的临时加固、就位、吊装、找正、固定、吊架、简单起重工具的
设置、移动与拆除、临时点焊、固定及焊接工作。

单位:t

	定　额　编　号			6-7-30	6-7-31	6-7-32	6-7-33
	项　　　　　目			焦炉结构			
				支柱	拉杆	挡雨板、挡烟板、喷嘴板、上升管遮热板	装煤车轨道梁
	基　　价　（元）			**770.71**	**1122.00**	**1225.07**	**1142.20**
其中	人　工　费　（元）			165.60	278.40	329.20	252.80
	材　料　费　（元）			69.77	55.48	99.62	42.38
	机　械　费　（元）			535.34	788.12	796.25	847.02
	名　　　　称	单位	单价（元）	数		量	
人工	综合工日	工日	80.00	2.070	3.480	4.115	3.160
材料	电焊条 结422 φ2.5	kg	5.04	2.200	2.000	5.000	2.000
	氧气	m³	3.60	2.420	3.000	4.000	1.200
	乙炔气	m³	25.20	0.810	1.000	1.330	0.400
	垫板（钢板 δ=10）	kg	4.56	4.950	–	3.750	1.500
	镀锌铁丝 8~12 号	kg	5.36	0.550	1.000	1.000	1.500
	其他材料费	元	–	4.040	4.040	4.040	3.020
机械	吊装机械综合(3)	台班	2458.84	0.143	0.260	0.234	0.251
	拖车组综合	台班	1781.64	0.048	0.033	0.044	0.045
	倒运机械综合(3)	台班	2032.42	0.036	0.033	0.044	0.045
	电焊机综合	台班	100.64	0.220	0.200	0.500	0.510
	其他机械费	元	–	2.900	2.830	2.740	6.890

工作内容:同前

单位:t

定　额　编　号			6-7-34	6-7-35	6-7-36
项　　　目			均热炉	环形加热炉	罩式炉
基　　价　（元）			**865.52**	**1250.69**	**1141.77**
其中	人　工　费　（元）		198.40	420.00	380.80
	材　料　费　（元）		87.75	135.08	95.28
	机　械　费　（元）		579.37	695.61	665.69
名　　　称	单位	单价(元)	数		量
人工 综合工日	工日	80.00	2.480	5.250	4.760
材料 电焊条 结 422 ϕ2.5	kg	5.04	3.500	6.000	7.200
氧气	m³	3.60	4.200	5.600	3.500
乙炔气	m³	25.20	1.400	1.870	1.170
垫板(钢板 δ=10)	kg	4.56	2.250	5.000	2.000
镀锌铁丝 8~12 号	kg	5.36	1.200	2.000	0.700
其他材料费	元	–	3.020	4.040	4.040
机械 吊装机械综合(3)	台班	2458.84	0.169	0.189	0.189
拖车组综合	台班	1781.64	0.033	0.044	0.033
倒运机械综合(3)	台班	2032.42	0.033	0.044	0.033
电焊机综合	台班	100.64	0.350	0.600	0.720
其他机械费	元	–	2.740	2.690	2.640

工作内容:同前

单位:t

定　额　编　号			6-7-37	6-7-38	6-7-39	6-7-40
项　　　　目			其他工业炉			
			容重(t)			
			10	50	50 以上	铸件
基　　价　(元)			**1227.34**	**1076.90**	**906.55**	**992.03**
其 中	人　工　费　(元)		343.60	302.80	279.20	349.60
	材　料　费　(元)		119.42	110.72	118.83	72.82
	机　械　费　(元)		764.32	663.38	508.52	569.61
名　　称	单位	单价(元)	数		量	
人工 综合工日	工日	80.00	4.295	3.785	3.490	4.370
材 料	电焊条 结 422 ϕ2.5	kg	5.04	6.000	5.500	6.000	3.000
氧气	m³	3.60	4.800	4.200	4.800	2.400
乙炔气	m³	25.20	1.600	1.400	1.600	0.800
垫板(钢板 δ = 10)	kg	4.56	4.500	4.500	4.500	4.500
镀锌铁丝 8 ~ 12 号	kg	5.36	1.500	1.500	1.200	1.000
其他材料费	元	–	3.020	4.040	4.040	3.020
机 械	吊装机械综合(3)	台班	2458.84	0.234	0.195	0.130	0.150
拖车组综合	台班	1781.64	0.033	0.033	0.033	0.044
倒运机械综合(3)	台班	2032.42	0.023	0.033	0.033	0.044
电焊机综合	台班	100.64	0.600	0.550	0.600	0.300
其他机械费	元	–	2.700	2.690	2.620	2.770

定　额　编　号			6-7-41	6-7-42
项　　　　　目			其他工业窑	步进式加热炉
基　　　价　(元)			**1132.80**	**1634.17**
其中	人　工　费　(元)		302.80	614.80
	材　料　费　(元)		80.74	136.77
	机　械　费　(元)		749.26	882.60
名　　　　　称	单位	单价(元)	数	量
人工 综合工日	工日	80.00	3.785	7.685
材料 电焊条 结 422 ϕ2.5	kg	5.04	4.500	6.500
氧气	m³	3.60	3.000	5.700
氩气	m³	15.00	–	0.420
乙炔气	m³	25.20	1.000	2.040
垫板(钢板 $\delta = 10$)	kg	4.56	3.000	3.000
镀锌铁丝 8~12 号	kg	5.36	1.000	1.200
炭精棒 8~12	根	1.50	–	2.000
其他材料费	元	–	3.020	2.670
机械 吊装机械综合(3)	台班	2458.84	0.234	0.240
拖车组综合	台班	1781.64	0.033	0.045
倒运机械综合(3)	台班	2032.42	0.033	0.045
电焊机综合	台班	100.64	0.450	0.600
氩弧焊机 500A	台班	116.61	–	0.050
电动空气压缩机 10m³/min	台班	519.44	–	0.100
其他机械费	元	–	2.740	2.690

第八章　冶金容器结构安装

说　　明

一、本章定额适用范围：

1. 容器类包括各种形状的空体，内带夹带的立、卧式容器，内有冷却、加热及其他装置的容器。

2. 塔类包括各种结构形式的空塔、填料塔及其他结构与塔体组合整体吊装的塔类设备安装。

二、本章定额包括以下工作内容：

1. 指导二次灌浆。

2. 内部简单附件(指填料塔内简单的淋洒、隔板等，容器内的冷却、热管等)检查、二次调整。

三、不包括以下工作内容：

1. 构件分段、分片到货的现场组对焊接。发生分片、分段可参照全统定额执行。

2. 大于80t构件的水平运输，大于40t构件吊装就位的金属抱杆安拆、水平移位及其台次使用费。

3. 水压、气密试验。

4. 起吊的吊耳，临时加固支撑架的制作；塔裙座的装拆，吊装加固措施及各种胎具的制作。

四、40t的容器采用人字架安装就位的配套索具、滑车的使用按下列规定计取：

重量8~20t:2.65元/t；重量21~40t:3.1元/t

五、工程量计算：

1. 按设计图纸的重量，包括内件及附件重量。

2. 本塔与外部结构组合整体吊装的设备重量包括本体、附件、吊耳、内衬及随构件吊装的管线、梯子、平台等的重量，不包括安装后立装的塔盘、填充物及其他附件的重量。

一、碳钢塔类安装

工作内容:指导二次灌浆、内部简单附件检查、二次调整。

单位:台

定 额 编 号			6-8-1	6-8-2	6-8-3	6-8-4
项 目			重量(t)			
			0.5 以内	1 以内	2 以内	3 以内
基 价 (元)			**1218.73**	**1985.11**	**2697.09**	**3568.73**
其中	人 工 费 (元)		689.60	925.60	1357.60	1865.60
	材 料 费 (元)		228.43	314.01	436.90	583.99
	机 械 费 (元)		300.70	745.50	902.59	1119.14
名 称	单位	单价(元)	数		量	
人工	综合工日	工日	80.00	8.620	11.570	16.970	23.320
材 料	垫板(钢板δ=10)	kg	4.56	6.620	9.450	12.500	18.480
	加固木板	m³	1980.00	0.080	0.110	0.160	0.210
	型钢综合	kg	4.00	5.600	8.000	10.000	15.000
	铁件	kg	5.30	0.560	0.800	1.000	1.200
	电焊条 结422 φ2.5	kg	5.04	0.460	0.660	0.740	0.820
	氧气	m³	3.60	0.270	0.270	0.270	0.270
	乙炔气	m³	25.20	0.090	0.090	0.090	0.090
	白铅粉	kg	12.67	0.250	0.360	0.400	0.430
	汽轮机油(各种规格)	kg	8.80	0.200	0.200	0.200	0.200
	其他材料费	元	–	3.990	3.990	4.000	2.980
机 械	直流弧焊机 20kW	台班	84.19	0.046	0.066	0.074	0.082
	电动卷扬机(单筒慢速) 50kN	台班	145.07	0.280	0.400	0.500	0.550
	汽车式起重机 8t	台班	728.19	0.280	0.400	0.470	0.590
	汽车式起重机 20t	台班	1205.93	–	0.260	0.320	0.400
	载货汽车 8t	台班	619.25	0.080	0.120	0.150	0.190
	其他机械费	元	–	2.770	2.790	2.790	2.790

工作内容:同前

定 额 编 号			6-8-5	6-8-6	6-8-7	6-8-8
项 目			重量(t)			
			5 以内	7 以内	10 以内	15 以内
基 价 (元)			4756.96	5881.72	6721.24	11250.86
其中	人 工 费 (元)		2633.60	2996.80	3528.80	4438.40
	材 料 费 (元)		732.59	811.28	941.58	1053.55
	机 械 费 (元)		1390.77	2073.64	2250.86	5758.91
名 称	单位	单价(元)	数		量	
人工 综合工日	工日	80.00	32.920	37.460	44.110	55.480
材料 垫板(钢板 $\delta=10$)	kg	4.56	25.320	29.160	32.880	44.100
加固木板	m³	1980.00	0.260	0.270	0.310	0.330
型钢综合	kg	4.00	19.000	29.000	37.000	40.000
铁件	kg	5.30	1.340	1.340	1.340	1.810
电焊条 结 422 $\phi2.5$	kg	5.04	0.900	1.000	1.100	1.240
氧气	m³	3.60	0.270	0.270	0.360	0.750

定 额 编 号			6-8-5	6-8-6	6-8-7	6-8-8
项 目			重量(t)			
			5 以内	7 以内	10 以内	15 以内
材料	乙炔气	m³	25.20	0.090	0.090	0.120	0.250
	白铅粉	kg	12.67	0.450	0.500	0.530	0.600
	汽轮机油（各种规格）	kg	8.80	0.200	0.230	0.250	0.300
	其他材料费	元	－	3.990	3.970	3.970	3.970
机械	直流弧焊机 20kW	台班	84.19	0.090	0.100	0.110	0.124
	电动卷扬机(单筒慢速)50kN	台班	145.07	0.620	0.760	0.890	0.980
	汽车式起重机 8t	台班	728.19	0.740	1.050	1.100	1.150
	汽车式起重机 20t	台班	1205.93	0.500	－	－	－
	汽车式起重机 40t	台班	1811.86	－	0.570	0.630	－
	汽车式起重机 75t	台班	5403.15	－	－	－	0.850
	载货汽车 8t	台班	619.25	0.240	0.250	0.270	0.280
	其他机械费	元	－	2.800	2.800	2.810	2.820

定　额　编　号			6-8-9	6-8-10	6-8-11	6-8-12
项　　　　　目			重量(t)			
			20 以内	25 以内	30 以内	35 以内
基　　　价　（元）			**13117.34**	**16870.71**	**20465.13**	**22989.80**
其中	人　工　费　（元）		5345.60	6230.40	7839.20	8833.60
	材　料　费　（元）		1199.05	1983.98	2798.02	2872.56
	机　械　费　（元）		6572.69	8656.33	9827.91	11283.64
名　　　称	单位	单价(元)	数		量	
人工	综合工日	工日	80.00	66.820	77.880	97.990	110.420
材料	垫板(钢板 $\delta = 10$)	kg	4.56	56.800	60.000	64.960	73.080
	加固木板	m³	1980.00	0.360	0.510	0.670	0.690
	型钢综合	kg	4.00	44.000	158.000	272.000	272.000
	铁件	kg	5.30	2.240	2.420	2.600	2.600
	电焊条 结 422 $\phi2.5$	kg	5.04	1.560	3.220	4.020	4.130
	氧气	m³	3.60	1.230	1.800	2.190	2.670
	乙炔气	m³	25.20	0.410	0.600	0.730	0.387

续前

定　额　编　号			6-8-9	6-8-10	6-8-11	6-8-12
项　　目			重量(t)			
			20 以内	25 以内	30 以内	35 以内
材 料	白铅粉	kg	12.67	0.800	0.900	1.400	1.600
	汽轮机油（各种规格）	kg	8.80	0.300	0.300	0.600	0.800
	其他材料费	元	-	3.970	3.880	3.860	3.840
机 械	直流弧焊机 20kW	台班	84.19	0.156	0.322	0.402	0.413
	电动卷扬机（单筒慢速）50kN	台班	145.07	1.060	1.150	1.280	1.330
	汽车式起重机 12t	台班	888.68	1.220	0.480	0.550	0.320
	汽车式起重机 5t	台班	546.38	-	-	-	0.590
	汽车式起重机 75t	台班	5403.15	0.950	-	-	-
	汽车式起重机 40t	台班	1811.86	-	1.140	1.200	1.200
	汽车式起重机 125t	台班	9625.95	-	0.600	0.700	0.800
	载货汽车 4t	台班	466.52	-	-	-	0.800
	载货汽车 8t	台班	619.25	0.300	0.310	0.330	0.320
	其他机械费	元	-	2.830	2.770	2.850	2.820

工作内容:同前

定　额　编　号				6-8-13	6-8-14	6-8-15
项　　　　　目				重量(t)		
				40 以内	45 以内	50 以内
基　　价　（元）				26125.24	17466.15	19951.48
其中	人　工　费　（元）			9831.20	10648.80	11505.60
	材　料　费　（元）			2939.06	4077.91	5023.05
	机　械　费　（元）			13354.98	2739.44	3422.83
名　　　　　称		单位	单价(元)	数		量
人工	综合工日	工日	80.00	122.890	133.110	143.820
材料	垫板(钢板 $\delta=10$)	kg	4.56	81.200	126.400	140.400
	加固木板	m³	1980.00	0.700	0.860	1.000
	型钢综合	kg	4.00	272.000	419.000	566.000
	铁件	kg	5.30	2.600	2.600	2.600
	电焊条 结422 $\phi2.5$	kg	5.04	4.240	4.760	5.960
	氧气	m³	3.60	3.330	3.690	4.080
	乙炔气	m³	25.20	0.483	1.230	1.360

续前

定 额 编 号			6-8-13	6-8-14	6-8-15
项　　　　目			重量(t)		
			40 以内	45 以内	50 以内
材	白铅粉	kg	12.67	1.800	2.200	2.500
	汽轮机油(各种规格)	kg	8.80	1.000	1.020	1.200
料	其他材料费	元	–	3.870	3.830	3.810
机	直流弧焊机 20kW	台班	84.19	0.424	0.476	0.596
	电动卷扬机(单筒慢速) 50kN	台班	145.07	1.400	9.180	13.120
	汽车式起重机 12t	台班	888.68	0.360	0.370	0.410
	汽车式起重机 5t	台班	546.38	0.650	0.680	0.750
	汽车式起重机 40t	台班	1811.86	1.200	–	–
	汽车式起重机 125t	台班	9625.95	1.000	–	–
	载货汽车 4t	台班	466.52	0.890	0.920	0.940
械	载货汽车 8t	台班	619.25	0.360	0.380	0.410
	其他机械费	元	–	2.800	2.760	2.770

注:45t、50t 碳钢塔类安装金属抱杆另计。

二、碳钢容器安装

工作内容: 基础铲麻面、放置垫铁、吊装就位、安装找正。

单位:台

定 额 编 号			6-8-16	6-8-17	6-8-18	6-8-19	6-8-20
项 目			重量(t)				
			0.5 以内	1.0 以内	2.0 以内	3.0 以内	5.0 以内
基 价 (元)			**832.62**	**1146.42**	**1448.42**	**2187.17**	**2863.11**
其中	人 工 费 (元)		513.60	620.00	785.60	1163.20	1611.20
	材 料 费 (元)		90.58	181.44	233.19	331.85	412.24
	机 械 费 (元)		228.44	344.98	429.63	692.12	839.67
名 称	单位	单价(元)	数		量		
人工	综合工日	工日	80.00	6.420	7.750	9.820	14.540	20.140
材料	垫板(钢板 $\delta=10$)	kg	4.56	9.440	11.800	14.160	20.640	27.120
	加固木板	m^3	1980.00	0.010	0.040	0.060	0.090	0.110
	型钢综合	kg	4.00	4.000	8.000	8.000	10.000	12.000
	铁件	kg	5.30	0.170	0.340	0.340	0.340	0.340
	电焊条 结 422 $\phi2.5$	kg	5.04	0.500	0.840	0.940	1.060	1.340

单位:台

定　额　编　号			6-8-16	6-8-17	6-8-18	6-8-19	6-8-20
项　　　　　目			重量(t)				
			0.5 以内	1.0 以内	2.0 以内	3.0 以内	5.0 以内
材 料	氧气	m³	3.60	0.210	0.240	0.270	0.330	0.390
	乙炔气	m³	25.20	0.070	0.080	0.090	0.110	0.130
	白铅粉	kg	12.67	0.090	0.170	0.210	0.240	0.300
	汽轮机油（各种规格）	kg	8.80	0.080	0.160	0.160	0.160	0.200
	其他材料费	元	–	3.950	3.950	3.970	3.980	3.980
机 械	直流弧焊机 20kW	台班	84.19	0.050	0.084	0.094	0.106	0.134
	电动卷扬机（单筒慢速）30kN	台班	137.62	–	0.150	0.300	0.510	0.640
	汽车式起重机 5t	台班	546.38	0.320	0.180	0.230	0.100	0.130
	汽车式起重机 8t	台班	728.19	–	0.220	0.250	0.280	0.310
	汽车式起重机 16t	台班	1071.52	–	–	–	0.230	0.290
	载货汽车 4t	台班	466.52	0.100	0.120	0.150	–	–
	载货汽车 8t	台班	619.25	–	–	–	0.170	0.210
	其他机械费	元	–	2.740	2.730	2.740	2.760	2.760

工作内容:同前

定 额 编 号			6-8-21	6-8-22	6-8-23	6-8-24
项 目			重量(t)			
			7.0 以内	10.0 以内	15.0 以内	20 以内
基 价 (元)			**3853.07**	**4697.29**	**6421.73**	**8194.63**
其中	人 工 费 (元)		2001.60	2388.00	2966.40	3803.20
	材 料 费 (元)		556.33	705.77	1030.71	1393.39
	机 械 费 (元)		1295.14	1603.52	2424.62	2998.04
名 称	单位	单价(元)	数		量	
人工 综合工日	工日	80.00	25.020	29.850	37.080	47.540
材料 垫板(钢板 $\delta=10$)	kg	4.56	34.110	40.680	61.340	90.000
加固木板	m³	1980.00	0.130	0.150	0.200	0.250
型钢综合	kg	4.00	29.150	46.300	76.650	107.000
铁件	kg	5.30	0.450	0.560	0.610	0.650
电焊条 结 422 φ2.5	kg	5.04	1.420	1.780	1.800	2.220
氧气	m³	3.60	0.540	1.230	1.920	2.600
乙炔气	m³	25.20	0.180	0.410	0.640	0.860

定　额　编　号			6-8-21	6-8-22	6-8-23	6-8-24
项　　　　目			重量(t)			
			7.0 以内	10.0 以内	15.0 以内	20 以内
材 料	白铅粉	kg	12.67	0.400	0.450	0.550	0.650
	汽轮机油（各种规格）	kg	8.80	0.200	0.200	0.250	0.250
	其他材料费	元	–	3.940	3.910	3.890	3.890
机 械	直流弧焊机 20kW	台班	84.19	0.142	0.178	0.180	1.110
	电动卷扬机(单筒慢速) 30kN	台班	137.62	0.630	0.790	0.970	1.210
	电动卷扬机(单筒慢速) 50kN	台班	145.07	–	–	0.360	0.450
	汽车式起重机 5t	台班	546.38	0.250	0.320	0.100	0.120
	汽车式起重机 16t	台班	1071.52	0.360	0.450	0.350	0.360
	汽车式起重机 20t	台班	1205.93	0.300	0.370	0.290	0.360
	汽车式起重机 40t	台班	1811.86	–	–	0.570	0.710
	载货汽车 4t	台班	466.52	0.090	0.090	0.090	0.090
	平板拖车组 15t	台班	1070.38	0.250	0.310	–	–
	平板拖车组 20t	台班	1264.92	–	–	0.290	0.360
	其他机械费	元	–	2.780	2.790	2.790	3.560

工作内容:同前

单位:台

定 额 编 号				6-8-25	6-8-26	6-8-27	6-8-28
项 目				重量(t)			
				25.0 以内	30.0 以内	35.0 以内	40.0 以内
基 价 （元）				**8982.21**	**10790.61**	**13294.05**	**16160.14**
其中	人 工 费 （元）			2255.60	2613.20	3093.20	3563.20
	材 料 费 （元）			1587.64	1754.52	2189.80	2614.64
	机 械 费 （元）			5138.97	6422.89	8011.05	9982.30
名 称		单位	单价(元)	数		量	
人工	综合工日	工日	80.00	28.195	32.665	38.665	44.540
材料	垫板(钢板 $\delta=10$)	kg	4.56	106.820	123.640	166.720	209.800
	加固木板	m³	1980.00	0.260	0.260	0.350	0.430
	型钢综合	kg	4.00	128.500	150.000	164.000	178.000
	铁件	kg	5.30	0.650	0.650	0.730	0.800
	电焊条 结 422 $\phi2.5$	kg	5.04	2.640	3.060	3.480	5.820
	氧气	m³	3.60	3.300	3.420	3.540	3.690
	乙炔气	m³	25.20	1.100	1.140	1.180	1.230

定 额 编 号			6-8-25	6-8-26	6-8-27	6-8-28
项 目			重量(t)			
			25.0 以内	30.0 以内	35.0 以内	40.0 以内
材	白铅粉	kg	12.67	0.700	0.750	0.800	0.800
	汽轮机油(各种规格)	kg	8.80	0.300	0.300	0.300	0.300
料	其他材料费	元	–	3.880	3.870	3.890	3.920
机	直流弧焊机 20kW	台班	84.19	0.264	0.306	0.348	0.582
	电动卷扬机(单筒慢速)50kN	台班	145.07	2.670	3.340	4.550	5.760
	汽车式起重机 5t	台班	546.38	0.130	0.140	0.150	0.160
	汽车式起重机 16t	台班	1071.52	0.370	0.380	–	–
	汽车式起重机 20t	台班	1205.93	–	–	0.400	0.500
	汽车式起重机 40t	台班	1811.86	0.320	0.400	–	–
	汽车式起重机 75t	台班	5403.15	0.560	0.720	1.100	1.370
	载货汽车 4t	台班	466.52	0.090	0.100	0.100	0.100
械	平板拖车组 40t	台班	1911.10	0.320	0.400	0.400	0.500
	其他机械费	元	–	2.820	2.820	2.800	2.790

定　额　编　号			6-8-29	6-8-30	6-8-31	6-8-32	6-8-33
项　　　　　目			重量(t)				
			45.0 以内	50.0 以内	60.0 以内	70.0 以内	80.0 以内
基　　　价　　（元）			**9417.31**	**11232.25**	**13184.14**	**14400.20**	**15419.38**
其中	人　工　费　（元）		3784.00	4130.80	4800.80	5230.40	5649.20
	材　料　费　（元）		3712.66	4683.86	5779.62	6042.50	6287.06
	机　械　费　（元）		1920.65	2417.59	2603.72	3127.30	3483.12
名　　　　称	单位	单价(元)	数		量		
人工 综合工日	工日	80.00	47.300	51.635	60.010	65.380	70.615
材料 垫板(钢板 $\delta=10$)	kg	4.56	268.500	303.380	339.200	367.420	395.540
加固木板	m³	1980.00	0.570	0.700	0.930	0.960	0.980
型钢综合	kg	4.00	315.500	453.000	571.000	589.000	607.000
铁件	kg	5.30	0.800	0.800	1.100	1.100	1.100
电焊条 结 422 $\phi2.5$	kg	5.04	5.920	6.240	6.790	7.220	8.040
氧气	m³	3.60	3.810	4.020	4.020	4.020	4.020
乙炔气	m³	25.20	1.270	1.340	1.340	1.340	1.340
白铅粉	kg	12.67	0.900	0.950	1.000	1.050	1.100
汽轮机油（各种规格）	kg	8.80	0.300	0.300	0.300	0.300	0.300
其他材料费	元	–	3.860	3.840	3.870	3.860	3.830
机械 直流弧焊机 20kW	台班	84.19	0.592	0.624	0.679	0.722	0.804
电动卷扬机(单筒慢速) 50kN	台班	145.07	10.290	12.870	11.490	4.000	4.500
电动卷扬机(单筒慢速) 80kN	台班	196.05	–	–	1.760	9.760	10.840
汽车式起重机 5t	台班	546.38	0.260	0.360	0.410	0.420	0.470
载货汽车 4t	台班	466.52	0.500	0.640	0.660	0.730	0.810
其他机械费	元	–	2.720	2.730	2.730	2.750	2.750

三、不锈钢容器安装

工作内容:基础铲麻面、放置垫铁、吊装就位、安装找正。

单位:台

定 额 编 号				6-8-34	6-8-35	6-8-36
项 目				基础标高 10 m 以内		
				设备重量（t）		
				2 以内	5 以内	10 以内
基 价 （元）				**1733.62**	**3112.25**	**4430.34**
其中	人 工 费 （元）			801.60	1644.80	2147.20
	材 料 费 （元）			329.97	541.99	936.45
	机 械 费 （元）			602.05	925.46	1346.69
	名 称	单位	单价（元）	数		量
人工	综合工日	工日	80.00	10.020	20.560	26.840
材料	电焊条 结 422 ϕ2.5	kg	5.04	1.710	2.150	2.770
	氧气	m³	3.60	0.330	0.470	1.570
	乙炔气	m³	25.20	0.110	0.160	0.520
	尼龙砂轮片 ϕ150	片	7.60	0.400	0.500	1.000
	道木	m³	1600.00	0.060	0.110	0.150

定　额　编　号				6-8-34	6-8-35	6-8-36
项　　　　　目				基础标高 10 m 以内		
				设备重量（t）		
				2 以内	5 以内	10 以内
材料	碳钢平垫铁	kg	4.75	8.600	13.650	25.930
	钩头成对斜垫铁 0～3 号钢 3 号	kg	12.70	13.020	21.000	39.900
	镀锌铁丝 8～12 号	kg	5.36	1.000	1.000	2.000
	二硫化钼	kg	62.90	0.080	0.100	0.200
	黄干油 钙基脂	kg	9.78	0.180	0.250	0.300
机械	直流弧焊机 20kW	台班	84.19	0.560	0.820	1.060
	电焊条烘干箱 80×80×100cm³	台班	57.04	0.060	0.080	0.110
	汽车式起重机 8t	台班	728.19	0.250	0.300	－
	汽车式起重机 16t	台班	1071.52	0.250	0.430	0.360
	汽车式起重机 25t	台班	1269.11	－	－	0.460
	载货汽车 5t	台班	507.79	0.200	0.340	－
	载货汽车 10t	台班	782.33	－	－	0.360

定 额 编 号				6-8-37	6-8-38	6-8-39
项 目				基础标高 10 m 以内		
				设备重量（t）		
				15 以内	20 以内	30 以内
基 价 （元）				**6466.36**	**7875.03**	**12267.54**
其中	人 工 费 （元）			2807.20	3582.40	4931.20
	材 料 费 （元）			1473.23	1759.69	2191.22
	机 械 费 （元）			2185.93	2532.94	5145.12
名 称		单位	单价（元）	数		量
人工	综合工日	工日	80.00	35.090	44.780	61.640
材料	电焊条 结 422 ϕ2.5	kg	5.04	3.090	3.420	6.790
	氧气	m³	3.60	2.390	3.180	4.040
	乙炔气	m³	25.20	0.800	1.060	1.350
	尼龙砂轮片 ϕ150	片	7.60	1.130	1.300	1.500
	道木	m³	1600.00	0.210	0.240	0.290
	二等方木 综合	m³	1800.00	—	0.080	0.080

定 额 编 号			6-8-37	6-8-38	6-8-39
项 目			基础标高 10 m 以内		
			设备重量（t）		
			15 以内	20 以内	30 以内
材 料	碳钢平垫铁	kg	4.75	43.220	46.080	60.000
	钩头成对斜垫铁 0~3 号钢 3 号	kg	12.70	66.500	71.050	90.500
	镀锌铁丝 8~12 号	kg	5.36	3.000	4.000	5.000
	二硫化钼	kg	62.90	0.230	0.300	0.350
	黄干油 钙基脂	kg	9.78	0.400	0.500	0.600
机 械	直流弧焊机 20kW	台班	84.19	1.220	1.360	3.120
	电焊条烘干箱 80×80×100cm³	台班	57.04	0.120	0.140	0.310
	汽车式起重机 25t	台班	1269.11	0.370	0.400	0.480
	汽车式起重机 40t	台班	1811.86	0.650	0.750	–
	汽车式起重机 50t	台班	3709.18	–	–	0.900
	载货汽车 15t	台班	1159.71	0.370	–	–
	平板拖车组 20t	台班	1264.92	–	0.430	–
	平板拖车组 40t	台班	1911.10	–	–	0.480

定　额　编　号			6-8-40	6-8-41	6-8-42	6-8-43	6-8-44
项　　　　目			基础标高 10 m 以内				
			设备重量（t）				
			40 以内	50 以内	60 以内	80 以内	100 以内
基　　　价　（元）			**18493.57**	**20447.24**	**22940.03**	**24856.48**	**28344.71**
其中	人　工　费　（元）		7078.40	8156.00	9552.80	11599.20	13375.20
	材　料　费　（元）		2990.97	4114.08	4909.24	5671.83	6423.97
	机　械　费　（元）		8424.20	8177.16	8477.99	7585.45	8545.54
名　　称	单位	单价(元)	数			量	
人工 综合工日	工日	80.00	88.480	101.950	119.410	144.990	167.190
材料 电焊条 结 422 φ2.5	kg	5.04	7.660	8.410	9.280	10.110	13.600
氧气	m³	3.60	4.400	4.950	5.040	5.520	6.900
乙炔气	m³	25.20	1.470	1.650	1.680	1.840	2.300
尼龙砂轮片 φ150	片	7.60	1.600	1.800	1.980	2.320	2.900
道木	m³	1600.00	0.420	0.680	0.920	1.100	1.300
二等方木 综合	m³	1800.00	0.090	0.090	0.110	0.130	0.140
滚杠	kg	4.38	−	44.160	63.160	82.100	100.040
碳钢平垫铁	kg	4.75	83.600	102.380	113.750	127.400	138.450

定　额　编　号			6-8-40	6-8-41	6-8-42	6-8-43	6-8-44
项　　　目			基础标高 10 m 以内				
			设备重量（t）				
			40 以内	50 以内	60 以内	80 以内	100 以内
材料	钩头成对斜垫铁 0～3 号钢 3 号	kg	12.70	125.400	157.500	175.000	196.000	213.500
	镀锌铁丝 8～12 号	kg	5.36	5.720	6.000	7.000	8.000	10.000
	二硫化钼	kg	62.90	0.400	0.440	0.480	0.560	0.700
	黄干油 钙基脂	kg	9.78	0.800	0.900	1.000	1.120	1.400
机械	直流弧焊机 20kW	台班	84.19	3.500	3.800	4.140	5.120	6.800
	电焊条烘干箱 80×80×100cm³	台班	57.04	0.350	0.380	0.410	0.510	0.680
	汽车式起重机 40t	台班	1811.86	–	0.880	0.940		
	汽车式起重机 50t	台班	3709.18	0.520	–	–	–	–
	汽车式起重机 75t	台班	5403.15	0.960	1.040	–	1.040	1.120
	汽车式起重机 100t	台班	6580.83	–	–	0.860	–	
	电动卷扬机（单筒慢速）50kN	台班	145.07	–	2.800	3.300	3.800	4.150
	电动卷扬机（单筒慢速）80kN	台班	196.05	–	1.100	1.350	4.870	5.250
	电动卷扬机（单筒慢速）100kN	台班	228.57	–	–	–	–	1.100
	平板拖车组 40t	台班	1911.10	0.520	–	–	–	–

第九章　冶金储气结构安装

说　　明

一、湿式柜。工作内容不包括：

防雷接地、导轮、容积指示器、障碍指示灯等设备附件的安装，吊装支架的制作安装，安装刷油用脚手架、X光焊缝检查、负荷试升、底板真空实验、水源管道铺设、基础荷重预压试验、组对、焊接用的平台搭设及拆除，防腐。

二、干式气柜。工作内容不包括：

1.电梯、油泵站的设备安装；

2.玻璃安装；

3.帆布缝制、安装；

4.柜底刷沥青；

5.混凝土配重、走道板的制作；

6.活塞注油；

7.柜体防腐。

三、球罐安装：

1.适用于设计压力等于和大于0.1MPa且不大于4MPa的橘瓣式、以支柱支撑的碳钢和合金钢制球罐组对安装工程。

2.本章定额包括了试压临时水管线的安装、拆除及材料摊销量。

3.本章定额中不包括以下工作内容：

（1）支柱制作；

（2）球皮预组装；

（3）梯子、平台制作安装；

（4）喷淋、消防装置的制作安装；

（5）防火设施；

（6）避雷设施；

（7）球罐的无损探伤检验；

（8）球罐防腐、保温、脱脂；

（9）锻件、机加工件、外购件的制作或加工；

（10）预热和后热。

4. 水压试验是按一台单独考虑的，若两台以上同时试压，按每台试压基价乘以系数 0.85。

5. 球罐整体热处理、焊缝预热和后热可执行相应子目。

6. 球罐组装胎具及球罐焊接防护棚定额内的钢材用量已将回收值从定额内扣除，不再考虑摊销。

一、球罐

1. 球罐安装

工作内容:球板检验、基础验收、铲麻面、设置垫铁、立柱拉杆组对安装、球皮坡口除污、组装就位、调整、点焊固定、焊接、打磨、开孔、人孔和接管安装、材料回收等。

单位:t

定　额　编　号				6-9-1	6-9-2	6-9-3	6-9-4
项　　　　目				球罐容量 120m³			
				球板厚度(mm)			
				20 以内	28 以内	32 以内	38 以内
基　　　价　（元）				**3355.73**	**3259.37**	**3248.10**	**3373.86**
其中	人　工　费　（元）			892.80	837.20	811.20	785.20
	材　料　费　（元）			417.25	420.14	429.11	452.85
	机　械　费　（元）			2045.68	2002.03	2007.79	2135.81
	名　　　称	单位	单价(元)	数		量	
人工	综合工日	工日	80.00	11.160	10.465	10.140	9.815
材料	电焊条 结 422 φ2.5	kg	5.04	37.140	45.390	50.330	59.820
	氧气	m³	3.60	4.550	4.030	3.780	3.100
	乙炔气	m³	25.20	1.520	1.340	1.260	1.030

定　额　编　号			6-9-1	6-9-2	6-9-3	6-9-4
项　　　目			球罐容量 120m³			
			球板厚度（mm）			
			20 以内	28 以内	32 以内	38 以内
材	尼龙砂轮片 φ150	片	7.60	4.650	4.700	4.530	4.480
	炭精棒 8~12	根	1.50	26.000	20.000	17.000	13.000
	垫铁	kg	4.75	20.100	14.840	13.090	10.610
料	其他材料费	元	－	5.570	6.890	7.980	10.300
机	直流弧焊机 30kW	台班	103.34	10.920	10.840	11.000	12.170
	电焊条烘干箱 60×50×75cm³	台班	28.84	1.090	1.080	1.100	1.220
	汽车式起重机 8t	台班	728.19	0.470	0.400	0.370	0.310
	汽车式起重机 16t	台班	1071.52	0.030	0.040	0.040	0.030
	载货汽车 8t	台班	619.25	0.060	0.050	0.050	0.040
械	轴流风机 7.5kW	台班	42.81	0.290	0.310	0.310	0.340
	内燃空气压缩机 6m³/min	台班	524.78	0.880	0.900	0.920	1.040

工作内容:同前

单位:t

定 额 编 号				6-9-5	6-9-6	6-9-7	6-9-8	6-9-9	6-9-10
项 目				球罐容量 400m³					
				球板厚度(mm)					
				20 以内	28 以内	32 以内	38 以内	44 以内	48 以内
基 价 (元)				**2686.31**	**2610.35**	**2572.98**	**2587.95**	**2694.96**	**2736.76**
其中	人 工 费 (元)			818.00	761.20	729.20	687.60	696.00	680.40
	材 料 费 (元)			288.05	303.05	308.12	322.12	334.86	350.26
	机 械 费 (元)			1580.26	1546.10	1535.66	1578.23	1664.10	1706.10
名 称		单位	单价(元)	数			量		
人工	综合工日	工日	80.00	10.225	9.515	9.115	8.595	8.700	8.505
材料	电焊条 结 422 φ2.5	kg	5.04	25.590	33.690	36.480	42.560	46.330	50.010
	氧气	m³	3.60	2.760	2.650	2.590	2.130	1.950	1.890
	乙炔气	m³	25.20	0.920	0.880	0.860	0.710	0.650	0.630
	尼龙砂轮片 φ150	片	7.60	3.450	3.490	3.340	3.310	3.240	3.170
	炭精棒 8 ~ 12	根	1.50	20.000	14.000	13.000	10.000	9.000	9.000
	垫铁	kg	4.75	13.930	10.300	9.020	7.340	6.710	6.180
	其他材料费	元	—	3.570	5.090	5.540	7.040	7.960	8.580
机械	直流弧焊机 30kW	台班	103.34	7.610	7.880	7.970	8.590	9.100	9.460
	电焊条烘干箱 60 × 50 × 75cm³	台班	28.84	0.760	0.790	0.800	0.860	0.910	0.950
	汽车式起重机 8t	台班	728.19	0.410	0.340	0.320	0.260	0.240	0.230
	汽车式起重机 16t	台班	1071.52	0.090	0.090	0.080	0.060	0.060	0.060
	载货汽车 8t	台班	619.25	0.080	0.060	0.060	0.050	0.040	0.040
	轴流风机 7.5kW	台班	42.81	0.170	0.180	0.180	0.200	0.200	0.210
	内燃空气压缩机 6m³/min	台班	524.78	0.610	0.610	0.620	0.710	0.810	0.830

定 额 编 号			6-9-11	6-9-12	6-9-13	6-9-14	6-9-15	6-9-16
项 目			球罐容量 650m³					
			球板厚度(mm)					
			20 以内	28 以内	32 以内	38 以内	44 以内	48 以内
基 价 （元）			**2566.16**	**2484.13**	**2442.56**	**2482.14**	**2553.78**	**2603.04**
其中	人 工 费 （元）		801.20	738.80	705.60	661.60	667.60	650.80
	材 料 费 （元）		284.44	292.55	294.16	315.22	320.34	332.60
	机 械 费 （元）		1480.52	1452.78	1442.80	1505.32	1565.84	1619.64
名 称	单位	单价(元)	数			量		
人工 综合工日	工日	80.00	10.015	9.235	8.820	8.270	8.345	8.135
材料 电焊条 结422 φ2.5	kg	5.04	23.660	31.000	33.320	40.750	43.070	46.360
氧气	m³	3.60	2.800	2.650	2.540	2.160	1.910	1.880
乙炔气	m³	25.20	0.930	0.880	0.850	0.720	0.640	0.630
尼龙砂轮片 φ150	片	7.60	3.170	3.220	3.070	3.060	2.990	2.930
炭精棒 8~12	根	1.50	19.000	14.000	12.000	9.000	9.000	8.000
垫铁	kg	4.75	15.890	11.440	10.310	8.420	7.710	7.090
其他材料费	元	–	3.610	4.780	5.360	7.170	7.420	8.360
机械 直流弧焊机 30kW	台班	103.34	7.040	7.270	7.330	8.210	8.530	8.780
电焊条烘干箱 60×50×75cm³	台班	28.84	0.700	0.730	0.730	0.820	0.850	0.880
汽车式起重机 16t	台班	1071.52	0.270	0.230	0.210	0.170	0.160	0.180
汽车式起重机 40t	台班	1811.86	0.060	0.060	0.060	0.040	0.040	0.040
载货汽车 12t	台班	993.57	0.040	0.030	0.030	0.030	0.020	0.020
轴流风机 7.5kW	台班	42.81	0.150	0.160	0.160	0.180	0.180	0.190
内燃空气压缩机 6m³/min	台班	524.78	0.550	0.550	0.560	0.650	0.740	0.750

工作内容:同前

定　额　编　号			6-9-17	6-9-18	6-9-19	6-9-20	6-9-21	6-9-22
项　　　　　目			球罐容量 1000m³					
			球板厚度(mm)					
			20 以内	28 以内	32 以内	36 以内	44 以内	48 以内
基　　价　(元)			**2659.95**	**2520.42**	**2476.07**	**2475.64**	**2618.96**	**2600.35**
其中	人　工　费　(元)		778.00	688.80	673.60	648.40	628.40	610.40
	材　料　费　(元)		279.26	280.65	274.66	277.37	307.26	316.48
	机　械　费　(元)		1602.69	1550.97	1527.81	1549.87	1683.30	1673.47
名　　称	单位	单价(元)	数			量		
人工 综合工日	工日	80.00	9.725	8.610	8.420	8.105	7.855	7.630
材料 电焊条 结422 φ2.5	kg	5.04	21.040	27.380	29.070	31.600	40.120	42.850
氧气	m³	3.60	3.000	2.670	2.500	2.260	1.860	1.860
乙炔气	m³	25.20	1.000	0.890	0.830	0.750	0.620	0.620
尼龙砂轮片 φ150	片	7.60	2.790	2.850	2.710	2.640	2.650	2.600
炭精棒 8~12	根	1.50	16.000	12.000	10.000	9.000	8.000	7.000
垫铁	kg	4.75	18.550	13.910	12.070	10.890	9.100	8.360
其他材料费	元	—	3.900	4.880	5.300	5.780	7.370	8.230
机械 直流弧焊机 30kW	台班	103.34	6.240	6.450	6.470	6.850	8.090	8.200
电焊条烘干箱 60×50×75cm³	台班	28.84	0.620	0.650	0.650	0.690	0.810	0.820
汽车式起重机 16t	台班	1071.52	0.370	0.320	0.290	0.270	0.220	0.210
汽车式起重机 40t	台班	1811.86	0.090	0.080	0.080	0.070	0.060	0.050
载货汽车 12t	台班	993.57	0.050	0.040	0.040	0.040	0.030	0.030
轴流风机 7.5kW	台班	42.81	0.130	0.140	0.140	0.150	0.160	0.170
内燃空气压缩机 9m³/min	台班	691.90	0.470	0.480	0.490	0.520	0.640	0.650

2. 球罐组装胎具制作、安装、拆除

（1）球罐组装胎具制作

工作内容：材料机具运输、放样、号料、切割、组对、焊接等。

单位：台

定　额　编　号				6-9-23	6-9-24	6-9-25	6-9-26
项　　　　　目				球罐容量（m³）			
				120 以内	400 以内	650 以内	1000 以内
基　　　价　（元）				**16548.47**	**34951.63**	**47507.33**	**59384.98**
其中	人　工　费　（元）			2072.80	3119.60	4030.40	4843.20
	材　料　费　（元）			13205.39	29561.02	39552.65	49728.36
	机　械　费　（元）			1270.28	2271.01	3924.28	4813.42
名　　　　　称		单位	单价（元）	数		量	
人工	综合工日	工日	80.00	25.910	38.995	50.380	60.540
材料	钢板综合	kg	3.75	805.350	1706.250	2159.850	2842.350
	型钢综合	kg	4.00	738.150	1795.500	2808.750	3482.850
	无缝钢管综合价	kg	5.80	123.900	400.050	487.200	564.900
	夹具用钢	kg	4.80	1211.000	2564.000	3253.000	4097.000

定 额 编 号			6-9-23	6-9-24	6-9-25	6-9-26
项 目			球罐容量(m³)			
			120 以内	400 以内	650 以内	1000 以内
材 料	电焊条 结 422 φ2.5	kg	5.04	18.270	24.570	31.290	37.170
	氧气	m³	3.60	16.110	23.990	30.500	36.290
	乙炔气	m³	25.20	5.370	8.000	10.170	12.100
	其他材料费	元	–	415.910	941.300	1254.270	1573.230
机 械	直流弧焊机 30kW	台班	103.34	5.220	7.020	8.940	10.620
	电焊条烘干箱 60×50×75cm³	台班	28.84	0.520	0.700	0.890	0.110
	半自动切割机 100mm	台班	96.23	0.750	1.500	2.250	2.700
	剪板机 20mm×2000mm	台班	303.02	0.390	0.600	0.720	0.900
	汽车式起重机 8t	台班	728.19	0.390	0.890	–	–
	载货汽车 8t	台班	619.25	0.390	0.890	–	–
	汽车式起重机 16t	台班	1071.52	–	–	1.230	1.540
	载货汽车 12t	台班	993.57	–	–	1.230	1.540

（2）球罐胎具安装与拆除

工作内容:工夹具、中心柱及支撑材料等的运输、安装、焊接、拆除、焊疤打磨、回收堆放等。

单位:台

定 额 编 号			6-9-27	6-9-28	6-9-29	6-9-30
项 目			球罐容量（m³）			
			120 以内	400 以内	650 以内	1000 以内
基 价 （元）			**15986.25**	**35202.77**	**43051.35**	**52442.67**
其中	人 工 费 （元）		6761.60	16466.80	18892.40	22173.60
	材 料 费 （元）		1133.01	1935.83	2332.16	2917.64
	机 械 费 （元）		8091.64	16800.14	21826.79	27351.43
名 称	单位	单价（元）	数		量	
人工 综合工日	工日	80.00	84.520	205.835	236.155	277.170
材料 电焊条 结 422 φ2.5	kg	5.04	31.600	60.910	73.900	93.820
氧气	m³	3.60	51.250	80.770	97.510	117.670
乙炔气	m³	25.20	17.080	26.920	32.500	39.220
尼龙砂轮片 φ150	片	7.60	43.000	79.520	95.120	124.920
其他材料费	元	—	32.030	55.340	66.760	83.440
机械 直流弧焊机 30kW	台班	103.34	34.200	104.200	109.540	116.000
电焊条烘干箱 60×50×75cm³	台班	28.84	0.530	0.620	0.660	0.780
汽车式起重机 8t	台班	728.19	1.620	1.620	—	—
汽车式起重机 16t	台班	1071.52	2.970	4.130	1.840	5.300
载货汽车 6t	台班	545.58	0.330	0.750	—	—
汽车式起重机 40t	台班	1811.86	—	—	4.130	4.620
载货汽车 12t	台班	993.57	—	—	1.040	1.300

3. 球罐水压试验

工作内容: 临时管线、阀门、试压泵、压力表、盲板的安装、拆除,充水、升压、稳压检查、降压放水、整理记录。 单位:台

定 额 编 号				6-9-31	6-9-32	6-9-33	6-9-34
项 目				球罐容量(m³)			
				120 以内	400 以内	650 以内	1000 以内
基 价 (元)				**2291.85**	**5118.42**	**6837.65**	**9147.53**
其中	人 工 费 (元)			954.80	1857.20	2058.08	2350.96
	材 料 费 (元)			792.62	2501.26	3634.90	5256.39
	机 械 费 (元)			544.43	759.96	1144.67	1540.18
名 称		单位	单价(元)	数		量	
人工	综合工日	工日	80.00	11.935	23.215	25.726	29.387
材料	焊接钢管 DN50	m	17.54	6.000	–	–	–
	焊接钢管 DN100	m	41.39	–	6.000	6.000	6.000
	截止阀 J41H-16 50	个	145.00	0.050	–	–	–
	截止阀 J41H-16 100	个	595.00	–	0.050	0.050	0.050
	平焊法兰 1.6MPa DN50	副	75.00	0.100	–	–	–
	平焊法兰 1.6MPa DN100	副	132.00	–	0.100	0.100	0.100
	压制弯头 90° R=1.5D DN50	个	2.32	0.100	–	–	–

定 额 编 号			6-9-31	6-9-32	6-9-33	6-9-34
项 目			球罐容量(m³)			
			120 以内	400 以内	650 以内	1000 以内
材	压制弯头 90°R = 1.5D DN100	个	9.91	–	0.100	0.100	0.100
	盲板	kg	10.80	0.840	3.300	3.300	3.300
	电焊条 结 422 φ2.5	kg	5.04	3.000	10.300	10.300	12.300
	氧气	m³	3.60	1.500	7.300	7.300	7.300
	乙炔气	m³	25.20	0.500	2.430	2.430	2.430
	水	t	4.00	142.600	489.300	769.700	1169.200
	石棉橡胶板 低压 0.8~1.0	kg	13.20	2.880	2.910	3.120	3.120
料	精制六角带帽螺栓	kg	6.90	1.990	2.050	2.050	2.050
	其他材料费	元	–	8.060	24.150	33.420	46.830
机	直流弧焊机 30kW	台班	103.34	2.860	3.560	4.150	4.850
	汽车式起重机 8t	台班	728.19	0.120	0.120	0.180	0.180
	试压泵 60MPa	台班	154.06	0.180	0.520	0.880	1.520
	电动单级离心清水泵 φ50mm	台班	185.79	0.720	–	–	–
械	电动单级离心清水泵 φ100mm	台班	224.58	–	1.000	2.000	3.000

4. 球罐气密性实验

工作内容: 试压泵、压力表、盲板的安装、拆除、充气打压、稳压检查、卸压、整理记录等。

单位:台

定　额　编　号				6-9-35	6-9-36	6-9-37	6-9-38
项　　　　目				1.6MPa（约16kg/cm²）			
				球罐容量（m³）			
				120 以内	400 以内	650 以内	1000 以内
基　　价　（元）				**1057.71**	**3483.80**	**5279.66**	**7965.51**
其中	人　工　费　（元）			310.40	1111.60	1705.20	2613.20
	材　料　费　（元）			114.43	176.47	206.53	229.07
	机　械　费　（元）			632.88	2195.73	3367.93	5123.24
名　　称		单位	单价(元)	数			量
人工	综合工日	工日	80.00	3.880	13.895	21.315	32.665
材料	电焊条 结 422 φ2.5	kg	5.04	2.500	5.000	7.000	8.000
	氧气	m³	3.60	4.020	7.000	8.010	9.000
	乙炔气	m³	25.20	1.340	2.330	2.670	3.000
	石棉橡胶板 低压 0.8~1.0	kg	13.20	2.880	2.910	3.120	3.120
	破布	kg	4.50	0.700	1.200	1.400	1.800
	肥皂	条	3.00	3.000	6.000	7.000	8.000
	其他材料费	元	－	3.420	5.540	6.650	7.470
机械	直流弧焊机 30kW	台班	103.34	0.450	1.120	1.440	1.890
	内燃空气压缩机 6m³/min	台班	524.78	0.590	2.210	3.260	5.000
	内燃空气压缩机 9m³/min	台班	691.90	0.400	1.330	2.180	3.330

工作内容:同前

定　额　编　号				6-9-39	6-9-40	6-9-41	6-9-42
项　　　　　目				2.5MPa（约25kg/cm²）			
				球罐容量（m³）			
				120 以内	400 以内	650 以内	1000 以内
基　　　价　（元）				**1544.02**	**5112.46**	**7896.22**	**11969.87**
其中	人　工　费　（元）			550.40	1835.60	2983.20	4590.80
	材　料　费　（元）			114.09	181.79	211.84	237.03
	机　械　费　（元）			879.53	3095.07	4701.18	7142.04
名　　　　称		单位	单价（元）	数		量	
人工	综合工日	工日	80.00	6.880	22.945	37.290	57.385
材料	电焊条 结422 φ2.5	kg	5.04	2.500	6.000	8.000	9.500
	氧气	m³	3.60	4.000	7.000	8.010	9.000
	乙炔气	m³	25.20	1.330	2.330	2.670	3.000
	石棉橡胶板 低压0.8~1.0	kg	13.20	2.880	2.910	3.120	3.120
	破布	kg	4.50	0.700	1.200	1.400	1.800
	肥皂	条	3.00	3.000	6.000	7.000	8.000
	其他材料费	元	－	3.410	5.820	6.920	7.870
机械	直流弧焊机 30kW	台班	103.34	0.450	1.850	1.900	2.230
	内燃空气压缩机 6m³/min	台班	524.78	1.060	3.780	5.710	8.780
	内燃空气压缩机 9m³/min	台班	691.90	0.400	1.330	2.180	3.330

工作内容:同前

单位:台

定　额　编　号			6-9-43	6-9-44
项　　　　　　目			4MPa（约40kg/cm²）	
			球罐容量（m³）	
			120 以内	400 以内
基　　价　（元）			**2588.06**	**8345.14**
其中	人　工　费　（元）		866.00	2890.00
	材　料　费　（元）		116.74	187.10
	机　械　费　（元）		1605.32	5268.04
名　　　　　称	单位	单价（元）	数	量
人工 综合工日	工日	80.00	10.825	36.125
材 电焊条 结 422 φ2.5	kg	5.04	3.000	7.000
氧气	m³	3.60	4.000	7.000
乙炔气	m³	25.20	1.330	2.330
石棉橡胶板 低压 0.8~1.0	kg	13.20	2.880	2.910
破布	kg	4.50	0.700	1.200
料 肥皂	条	3.00	3.000	6.000
其他材料费	元	–	3.540	6.090
机 直流弧焊机 30kW	台班	103.34	0.710	1.440
内燃空气压缩机 6m³/min	台班	524.78	2.260	7.540
械 内燃空气压缩机 9m³/min	台班	691.90	0.500	1.680

5. 球罐焊接防护棚制作、安装、拆除

(1)金属焊接防护棚

工作内容:划线下料、组装、焊接、刷防锈漆、挂铁皮、拆除、清理、堆放等。

单位:台

定 额 编 号				6-9-45	6-9-46	6-9-47	6-9-48
项 目				球罐容量(m³)			
				120 以内	400 以内	650 以内	1000 以内
基 价 (元)				18426.59	30860.87	40214.33	49090.97
其中	人 工 费 (元)			6382.40	10656.40	14558.80	17754.80
	材 料 费 (元)			9835.40	16471.15	20494.67	25020.52
	机 械 费 (元)			2208.79	3733.32	5160.86	6315.65
名 称		单位	单价(元)	数		量	
人工	综合工日	工日	80.00	79.780	133.205	181.985	221.935
材料	钢板综合	kg	3.75	871.950	1525.470	1951.880	2418.270
	角钢综合	kg	4.00	349.440	570.960	698.880	845.520
	槽钢 5~16 号	kg	4.00	372.180	608.110	744.350	900.530
	无缝钢管综合价	kg	5.80	230.940	377.350	461.890	558.800

定 额 编 号				6-9-45	6-9-46	6-9-47	6-9-48
项 目				球罐容量(m³)			
				120 以内	400 以内	650 以内	1000 以内
材 料	电焊条 结 422 φ2.5	kg	5.04	48.570	79.360	97.140	117.520
	碳钢气焊条	kg	5.85	10.640	17.390	21.280	25.750
	氧气	m³	3.60	95.790	156.510	191.580	231.780
	乙炔气	m³	25.20	31.930	52.170	63.860	77.260
	醇酸防锈漆 C53 – 1 铁红	kg	16.72	27.780	45.380	55.500	67.210
	溶剂汽油 120 号	kg	5.01	8.150	13.910	17.020	20.600
	其他材料费	元	–	377.830	637.460	796.970	975.510
机 械	直流弧焊机 20kW	台班	84.19	11.310	18.480	24.890	30.110
	电焊条烘干箱 60×50×75cm³	台班	28.84	0.570	0.920	1.240	1.150
	汽车式起重机 16t	台班	1071.52	1.110	1.960	2.780	3.450
	载货汽车 5t	台班	507.79	0.100	0.100	0.100	0.100

（2）金属、篷布混合结构防护棚

工作内容:划线下料、组装、焊接、刷防锈漆、挂篷布、刷防火涂料、拆除、清理、堆放等。

单位:台

定　额　编　号				6-9-49	6-9-50	6-9-51	6-9-52
项　　　　　　目				球罐容量（m³）			
				120 以内	400 以内	650 以内	1000 以内
基　　价　（元）				**16054.70**	**26996.83**	**35315.65**	**43615.19**
其中	人　工　费　（元）			4566.00	7582.80	10323.20	12433.20
	材　料　费　（元）			9972.62	16909.18	21574.39	27016.65
	机　械　费　（元）			1516.08	2504.85	3418.06	4165.34
名　　　称		单位	单价（元）	数		量	
人工	综合工日	工日	80.00	57.075	94.785	129.040	155.415
材料	角钢综合	kg	4.00	349.440	570.960	585.000	845.520
	槽钢 5～16 号	kg	4.00	372.180	608.110	744.350	900.530
	无缝钢管综合	kg	5.80	230.940	377.350	－	－
	尼龙砂轮片 φ180	片	7.60	－	－	461.890	558.800
	电焊条 结422 φ2.5	kg	5.04	48.570	79.360	97.140	117.520

定　额　编　号			6-9-49	6-9-50	6-9-51	6-9-52
项　　　　　目			球罐容量(m³)			
			120 以内	400 以内	650 以内	1000 以内
材 料	氧气	m³	3.60	66.870	109.250	133.730	161.790
	乙炔气	m³	25.20	22.290	36.420	44.580	53.930
	篷布 0.35mm×1.83m	m²	7.50	382.000	676.000	871.000	1083.000
	镀锌铁丝 8~12 号	kg	5.36	19.100	33.800	43.550	54.150
	防火涂料	kg	11.00	66.090	116.950	150.680	187.360
	醇酸防锈漆 C53－1 铁红	kg	16.72	16.040	28.390	36.580	45.490
	溶剂汽油 120 号	kg	5.01	1.910	3.380	4.360	5.420
	其他材料费	元	－	727.330	1263.980	1595.330	1990.340
机 械	直流弧焊机 20kW	台班	84.19	11.310	18.480	24.890	30.110
	电焊条烘干箱 60×50×75cm³	台班	28.84	0.570	0.920	1.240	1.510
	汽车式起重机 16t	台班	1071.52	0.460	0.810	1.150	1.430
	载货汽车 6t	台班	545.58	0.100	0.100	0.100	0.100

二、气柜

1. 气柜安装

（1）螺旋式气柜安装

工作内容：型钢调直、平板、摆料、放样、号料、剪切、坡口、冷热成型、组对、焊接、成品矫正、本体附件梯子、平台、栏杆制作、安装。

单位:t

定　额　编　号			6-9-53	6-9-54	6-9-55	6-9-56	6-9-57
项　　　　目			螺旋式气柜容量（m³）				
			1000 以内	2500 以内	5000 以内	10000 以内	20000 以内
基　　价（元）			**2283.85**	**2169.29**	**1983.04**	**1828.95**	**1754.68**
其中	人　工　费（元）		736.00	709.60	666.00	614.00	568.80
	材　料　费（元）		266.85	264.17	256.03	240.26	236.05
	机　械　费（元）		1281.00	1195.52	1061.01	974.69	949.83
名　　称	单位	单价（元）	数			量	
人工 综合工日	工日	80.00	9.200	8.870	8.325	7.675	7.110
材料 电焊条 结422 φ2.5	kg	5.04	23.340	22.970	21.720	19.920	19.300
氧气	m³	3.60	8.740	8.690	8.570	8.020	7.930
乙炔气	m³	25.20	2.910	2.900	2.850	2.670	2.640
炭精棒 8～12	根	1.50	3.500	3.200	3.100	3.000	3.000

定 额 编 号			6-9-53	6-9-54	6-9-55	6-9-56	6-9-57
项 目			螺旋式气柜容量(m³)				
			1000 以内	2500 以内	5000 以内	10000 以内	20000 以内
材料	加固木板	m³	1980.00	0.010	0.010	0.010	0.010	0.010
	道木	m³	1600.00	0.010	0.010	0.010	0.010	0.010
	中砂	m³	60.00	0.010	0.010	0.010	0.010	0.010
	其他材料费	元	–	2.770	2.840	2.840	2.810	2.800
机械	履带式起重机 15t	台班	966.34	0.360	0.320	0.250	0.210	0.210
	汽车式起重机 40t	台班	1811.86	0.060	0.060	0.060	0.060	0.070
	载货汽车 12t	台班	993.57	0.180	0.160	0.130	0.120	0.110
	内燃空气压缩机 9m³/min	台班	691.90	0.110	0.110	0.100	0.100	0.100
	轴流风机 7.5kW	台班	42.81	0.380	0.340	0.310	0.270	0.250
	真空泵 204m³/h	台班	257.92	0.010	0.010	0.010	0.010	0.010
	交流弧焊机 32kV·A	台班	96.61	3.000	2.820	2.650	2.320	2.040
	直流弧焊机 30kW	台班	103.34	2.500	2.430	2.310	2.270	2.220
	其他机械费	元	–	2.430	1.810	1.780	1.770	1.800

定　额　编　号			6-9-58	6-9-59	6-9-60	6-9-61	6-9-62
项　　　　目			螺旋式气柜容量(m³)				
			30000 以内	50000 以内	100000 以内	150000 以内	200000 以内
基　　价　　(元)			**1699.84**	**1623.06**	**1507.16**	**1430.67**	**1206.92**
其中	人　工　费　(元)		535.60	506.40	458.40	432.80	417.60
	材　料　费　(元)		251.74	243.27	228.31	216.18	208.14
	机　械　费　(元)		912.50	873.39	820.45	781.69	581.18
名　　　　称	单位	单价(元)	数		量		
人工 综合工日	工日	80.00	6.695	6.330	5.730	5.410	5.220
材料 电焊条 结 422 φ2.5	kg	5.04	18.750	18.130	16.610	15.320	14.800
氧气	m³	3.60	7.740	7.290	6.810	6.510	6.220
乙炔气	m³	25.20	2.580	2.430	2.270	2.170	2.070
尼龙砂轮片 φ150	片	7.60	2.840	2.770	2.590	2.360	2.150
炭精棒 8~12	根	1.50	2.800	2.700	2.600	2.400	2.200
加固木板	m³	1980.00	0.010	0.010	0.010	0.010	0.010

单位:t

定 额 编 号				6-9-58	6-9-59	6-9-60	6-9-61	6-9-62
项 目				螺旋式气柜容量(m³)				
				30000 以内	50000 以内	100000 以内	150000 以内	200000 以内
材	道木	m³	1600.00	0.010	0.010	0.010	0.010	0.010
	中砂	m³	60.00	0.010	0.010	0.010	0.010	0.010
料	其他材料费	元	–	2.180	2.910	2.890	2.910	2.950
机	履带式起重机 15t	台班	966.34	0.190	0.180	0.170	0.160	0.160
	汽车式起重机 40t	台班	1811.86	0.080	0.080	0.080	0.080	0.080
	载货汽车 12t	台班	993.57	0.110	0.100	0.100	0.090	0.080
	内燃空气压缩机 9m³/min	台班	691.90	0.080	0.080	0.070	0.070	0.060
	轴流风机 7.5kW	台班	42.81	0.250	0.240	0.230	0.190	0.190
	真空泵 204m³/h	台班	257.92	0.010	0.010	0.010	0.010	0.010
	交流弧焊机 32kV·A	台班	96.61	1.910	1.740	1.400	1.230	0.310
械	直流弧焊机 30kW	台班	103.34	2.120	2.100	2.070	2.060	1.140
	其他机械费	元	–	2.410	1.820	1.840	1.850	2.150

（2）直升式气柜安装

工作内容： 型钢调直、平板、摆料、放样、号料、切割、剪切、坡口、冷热成型、组对、焊接、矫正、附件梯子、平台、栏杆制作、验收、安装。

单位：t

定　额　编　号			6-9-63	6-9-64	6-9-65	6-9-66	6-9-67
项　　　　　目			直升式气柜容量（m³）				
			100 以内	200 以内	400 以内	600 以内	1000 以内
基　　价　（元）			**3099.39**	**3016.73**	**2941.08**	**2795.54**	**2577.06**
其中	人　工　费　（元）		815.20	796.80	778.40	744.40	682.40
	材　料　费　（元）		323.43	318.22	308.81	282.67	264.20
	机　械　费　（元）		1960.76	1901.71	1853.87	1768.47	1630.46
名　　　称	单位	单价（元）	数		量		
人工 综合工日	工日	80.00	10.190	9.960	9.730	9.305	8.530
材料 电焊条 结 422 φ2.5	kg	5.04	24.870	24.370	23.160	22.140	20.290
氧气	m³	3.60	8.120	7.930	7.730	7.410	6.760
乙炔气	m³	25.20	2.710	2.640	2.570	2.470	2.250
尼龙砂轮片 φ150	片	7.60	2.720	2.650	2.580	2.470	2.400

续前

定 额 编 号				6-9-63	6-9-64	6-9-65	6-9-66	6-9-67
项 目				直升式气柜容量(m³)				
				100 以内	200 以内	400 以内	600 以内	1000 以内
材 料	炭精棒 8~12	根	1.50	6.900	6.700	6.500	6.200	5.700
	加固木板	m³	1980.00	0.010	0.010	0.010	0.010	0.010
	道木	m³	1600.00	0.030	0.030	0.030	0.020	0.020
	其他材料费	元	–	1.740	2.330	2.330	2.290	2.310
机 械	真空泵 204m³/h	台班	257.92	0.010	0.010	0.010	0.010	0.010
	载货汽车 5t	台班	507.79	0.190	0.180	0.180	0.170	0.160
	载货汽车 12t	台班	993.57	0.280	0.270	0.260	0.250	0.230
	履带式起重机 15t	台班	966.34	0.860	0.840	0.820	0.780	0.720
	汽车式起重机 5t	台班	546.38	0.170	0.160	0.160	0.150	0.140
	交流弧焊机 32kV·A	台班	96.61	6.030	5.880	5.720	5.480	5.020
	直流弧焊机 30kW	台班	103.34	0.720	0.680	0.650	0.620	0.570
	其他机械费	元	–	2.600	1.980	1.960	1.980	1.970

(3)干式储气柜安装

工作内容:型钢调直、平板、摆料、放样、号料、切割、剪切、坡口、冷热成型、组对、焊接、矫正、附件梯子、平台、栏杆制作、验收、安装。

单位:t

定　额　编　号				6-9-68	6-9-69	6-9-70	6-9-71	6-9-72	6-9-73
项　　　目				干式气柜容量(m³)					
				30000以内	50000以内	80000以内	120000以内	200000以内	300000以内
基　　价　(元)				**2156.49**	**2029.50**	**1870.56**	**1760.53**	**1691.13**	**1631.58**
其中	人　工　费　(元)			823.20	761.60	694.80	660.80	636.40	612.80
	材　料　费　(元)			288.92	274.47	250.39	220.67	213.21	205.92
	机　械　费　(元)			1044.37	993.43	925.37	879.06	841.52	812.86
名　称		单位	单价(元)	数					量
人工	综合工日	工日	80.00	10.290	9.520	8.685	8.260	7.955	7.660
材料	电焊条 结422 φ2.5	kg	5.04	22.500	21.760	19.930	18.380	17.750	17.140
	氧气	m³	3.60	9.290	8.750	8.170	7.810	7.460	7.130
	乙炔气	m³	25.20	3.100	2.910	2.720	2.600	2.480	2.360
	焦炭	kg	1.50	17.500	15.000	10.000	9.000	9.000	9.000
	木柴	kg	0.95	1.750	1.500	1.000	0.900	0.900	0.900
	道木	m³	1600.00	0.020	0.020	0.020	0.010	0.010	0.010
	其他材料费	元	－	4.040	4.040	4.040	4.040	4.040	4.040
机械	汽车式起重机 40t	台班	1811.86	0.080	0.080	0.080	0.080	0.080	0.080
	汽车式起重机 12t	台班	888.68	0.110	0.100	0.100	0.090	0.080	0.080
	履带式起重机 15t	台班	966.34	0.190	0.180	0.170	0.160	0.150	0.140
	内燃空气压缩机 9m³/min	台班	691.90	0.290	0.270	0.240	0.230	0.220	0.210
	电焊机综合	台班	100.64	4.020	3.840	3.470	3.280	3.160	3.040
	轴流风机 7.5kW	台班	42.81	0.250	0.240	0.230	0.190	0.190	0.190
	其他机械费	元	－	2.140	2.130	2.150	2.150	2.150	2.150

（4）配重块安装

工作内容:吊装、就位、固定。

单位:见表

定　　额　　编　　号				6-9-74	6-9-75
项　　　　　目				混凝土预制块	铸铁块
单　　　　　位				m³	t
基　　价　（元）				**426.16**	**333.76**
其中	人　工　费　（元）			35.20	28.80
	材　料　费　（元）			231.68	177.14
	机　械　费　（元）			159.28	127.82
名　　　　　称		单位	单价(元)	数　　　量	
人工	综合工日	工日	80.00	0.440	0.360
材料	混凝土预制块	m³	—	(1.030)	—
	铸铁块	t	—	—	(1.000)
	角钢综合	kg	4.00	52.000	39.500
	氧气	m³	3.60	0.380	0.290
	乙炔气	m³	25.20	0.130	0.100
	电焊条 结 422 φ2.5	kg	5.04	2.200	1.880
	其他材料费	元	—	7.950	6.100
机械	载货汽车 5t	台班	507.79	0.110	0.090
	汽车式起重机 8t	台班	728.19	0.090	0.070
	直流弧焊机 20kW	台班	84.19	0.450	0.370

2.气柜胎具制作、安装与拆除
（1）直升式气柜组装胎具制作

工作内容:调直、摆料、放样、号料、切割、成型、组对、焊接、矫正、打磨。

单位:座

	定 额 编 号			6-9-76	6-9-77	6-9-78	6-9-79	6-9-80
	项 目			直升式气柜容量（m³）				
				100 以内	200 以内	400 以内	600 以内	1000 以内
	基 价 （元）			**7400.35**	**10139.78**	**15160.45**	**20751.96**	**30036.23**
其 中	人 工 费 （元）			921.60	1222.00	1751.20	2346.00	3321.20
	材 料 费 （元）			4072.83	5756.48	8820.85	12388.79	18300.00
	机 械 费 （元）			2405.92	3161.30	4588.40	6017.17	8415.03
	名 称	单位	单价(元)	数		量		
人工	综合工日	工日	80.00	11.520	15.275	21.890	29.325	41.515
材 料	钢板综合	kg	3.75	62.000	88.000	148.000	256.000	331.000
	角钢综合	kg	4.00	163.000	233.000	302.000	370.000	750.000
	槽钢 18 号以上	kg	4.00	466.000	666.000	1131.000	1467.000	2037.000
	光圆钢筋（综合）	kg	3.90	68.000	97.000	125.000	190.000	209.000

定 额 编 号			6-9-76	6-9-77	6-9-78	6-9-79	6-9-80
项 目			直升式气柜容量(m³)				
			100 以内	200 以内	400 以内	600 以内	1000 以内
材 料	无缝钢管综合	kg	5.80	64.000	91.000	118.000	267.000	447.000
	电焊条 结 422 ϕ2.5	kg	5.04	24.690	34.080	51.070	68.850	98.120
	氧气	m³	3.60	13.170	18.210	27.360	35.700	50.950
	乙炔气	m³	25.20	4.390	6.070	9.120	11.900	16.980
	尼龙砂轮片 ϕ150	片	7.60	2.900	3.900	5.800	7.500	10.400
	带帽六角螺栓 >M12	kg	8.90	32.900	42.300	60.200	76.500	101.900
	其他材料费	元	–	90.600	127.990	196.380	277.940	411.260
机 械	直流弧焊机 30kW	台班	103.34	5.490	7.100	10.210	13.500	18.510
	电焊条烘干箱 60×50×75cm³	台班	28.84	0.690	0.890	1.280	1.690	2.310
	汽车式起重机 8t	台班	728.19	1.270	1.730	2.610	3.490	5.030
	载货汽车 5t	台班	507.79	1.140	1.560	2.350	3.140	4.530
	摇臂钻床 ϕ63mm	台班	175.00	1.800	2.000	2.300	2.500	2.700

（2）直升式气柜组装胎具安装、拆除

工作内容：组装、焊接、紧固螺栓、切割、拆除。

单位：座

定　额　编　号			6-9-81	6-9-82	6-9-83	6-9-84	6-9-85
项　　　　　　目			直升式气柜容量（m³）				
			100 以内	200 以内	400 以内	600 以内	1000 以内
基　　　价　　（元）			**3193.47**	**4411.04**	**6598.81**	**8846.82**	**12698.33**
其中	人　工　费　（元）		790.00	1081.20	1605.20	2102.00	2868.40
	材　料　费　（元）		114.34	149.57	215.59	285.24	408.59
	机　械　费　（元）		2289.13	3180.27	4778.02	6459.58	9421.34
名　　　称	单位	单价（元）	数		量		
人工	综合工日	工日	80.00	9.875	13.515	20.065	26.275	35.855
材料	电焊条 结422 φ2.5	kg	5.04	6.570	7.240	8.880	11.790	16.590
	氧气	m³	3.60	6.580	9.170	13.890	18.360	26.420
	乙炔气	m³	25.20	2.190	3.060	4.630	6.120	8.810
	其他材料费	元	－	2.350	2.960	4.150	5.500	7.850
机械	直流弧焊机 30kW	台班	103.34	2.210	2.590	3.020	4.070	5.800
	电焊条烘干箱 60×50×75cm³	台班	28.84	0.280	0.330	0.380	0.510	0.730
	汽车式起重机 8t	台班	728.19	1.480	2.090	3.210	4.340	6.340
	载货汽车 5t	台班	507.79	1.920	2.720	4.170	5.640	8.240

(3)螺旋式气柜组装胎具制作

工作内容:调直、摆料、放样、号料、切割、剪切、卷弧、钻孔、成型、组对、焊接、矫正。

单位:座

定 额 编 号			6-9-86	6-9-87	6-9-88	6-9-89	6-9-90
项 目			螺旋式气柜容量(m³)				
			1000 以内	2500 以内	5000 以内	10000 以内	20000 以内
基 价 (元)			**26108.01**	**43929.90**	**52042.32**	**63626.26**	**73912.03**
其中	人 工 费 (元)		2698.80	4624.00	5864.00	8500.00	10369.60
	材 料 费 (元)		16393.52	27510.71	31354.48	37407.57	42502.56
	机 械 费 (元)		7015.69	11795.19	14823.84	17718.69	21039.87
名 称	单位	单价(元)	数			量	
人工 综合工日	工日	80.00	33.735	57.800	73.300	106.250	129.620
材料 钢板综合	kg	3.75	847.000	1830.000	2192.000	2440.000	2451.000
角钢综合	kg	4.00	438.000	876.000	1198.000	1600.000	1628.000
槽钢 18 号以上	kg	4.00	1409.000	1742.000	1870.000	2076.000	2691.000
无缝钢管综合	kg	5.80	617.000	1120.000	1128.000	1437.000	1705.000
电焊条 结 422 ϕ2.5	kg	5.04	82.780	136.420	135.340	177.500	194.930
氧气	m³	3.60	43.930	66.280	73.240	105.160	126.700
乙炔气	m³	25.20	14.640	22.090	24.410	35.050	42.230
尼龙砂轮片 ϕ150	片	7.60	9.100	15.200	20.100	23.700	28.700
带帽六角螺栓 ＞M12	kg	8.90	96.000	162.000	212.000	227.000	274.000
其他材料费	元	−	382.820	640.060	719.610	862.110	986.830
机械 直流弧焊机 30kW	台班	103.34	15.550	28.790	31.740	39.170	43.990
电焊条烘干箱 60×50×75cm³	台班	28.84	1.560	2.880	3.170	3.920	4.400
汽车式起重机 8t	台班	728.19	4.140	6.960	9.130	10.790	13.040
载货汽车 5t	台班	507.79	3.730	6.260	8.220	9.710	11.740
摇臂钻床 ϕ63mm	台班	175.00	2.600	2.800	3.600	4.400	5.200

定 额 编 号			6-9-91	6-9-92	6-9-93	6-9-94	6-9-95
项 目			螺旋式气柜容量(m³)				
			30000 以内	50000 以内	100000 以内	150000 以内	200000 以内
基 价 (元)			**93683.66**	**116890.82**	**162906.74**	**180975.31**	**204173.54**
其中	人 工 费 (元)		13772.40	19134.00	29306.80	36329.20	39307.60
	材 料 费 (元)		54794.84	69416.02	97107.19	105229.65	121516.61
	机 械 费 (元)		25116.42	28340.80	36492.75	39416.46	43349.33
名 称	单位	单价(元)	数		量		
人工 综合工日	工日	80.00	172.155	239.175	366.335	454.115	491.345
材料 钢板综合	kg	3.75	3081.000	3786.000	3870.000	3902.000	4739.000
角钢综合	kg	4.00	1693.000	2146.000	2618.000	3139.000	3557.000
槽钢 18 号以上	kg	4.00	3760.000	4574.000	5418.000	6163.000	7085.000
无缝钢管综合	kg	5.80	2412.000	3396.000	6695.000	7052.000	8169.000
电焊条 结 422 ϕ2.5	kg	5.04	246.290	305.840	399.920	425.380	482.780
氧气	m³	3.60	144.180	168.990	279.920	307.050	329.290
乙炔气	m³	25.20	48.060	56.330	93.310	102.350	109.760
尼龙砂轮片 ϕ150	片	7.60	34.400	39.700	51.200	55.700	61.000
带帽六角螺栓 >M12	kg	8.90	328.000	351.000	388.000	409.000	444.000
其他材料费	元	—	1287.390	1646.790	2402.650	2595.610	2997.350
机械 直流弧焊机 30kW	台班	103.34	51.380	53.640	68.950	72.100	80.460
电焊条烘干箱 60×50×75cm³	台班	28.84	5.140	5.360	6.900	7.120	8.050
汽车式起重机 8t	台班	728.19	15.640	18.040	23.250	25.320	27.710
载货汽车 5t	台班	507.79	14.080	16.240	20.930	22.790	24.940
摇臂钻床 ϕ63mm	台班	175.00	6.400	7.200	9.200	10.000	11.200

(4) 螺旋式气柜组装胎具安装、拆除

工作内容:组装、焊接、紧固螺栓、切割、拆除、清理现场、材料堆放。

单位:座

定　额　编　号				6-9-96	6-9-97	6-9-98	6-9-99	6-9-100
项　　　　　　目				螺旋式气柜容量(m³)				
				1000 以内	2500 以内	5000 以内	10000 以内	20000 以内
基　　　价　　(元)				**4413.70**	**6343.32**	**8327.37**	**10908.19**	**14120.54**
其中	人　　工　　费　(元)			2553.60	3336.40	4378.40	6314.40	8408.00
	材　　料　　费　(元)			317.36	517.82	600.54	696.27	791.52
	机　　械　　费　(元)			1542.74	2489.10	3348.43	3897.52	4921.02
名　　　　称		单位	单价(元)	数		量		
人工	综合工日	工日	80.00	31.920	41.705	54.730	78.930	105.100
材料	电焊条 结 422 φ2.5	kg	5.04	6.650	9.450	13.600	15.200	21.000
	氧气	m³	3.60	23.180	38.430	43.450	50.610	55.940
	乙炔气	m³	25.20	7.730	12.810	14.480	16.870	18.650
	其他材料费	元	−	5.600	9.030	10.680	12.340	14.320
机械	直流弧焊机 30kW	台班	103.34	3.670	5.250	7.600	8.450	12.230
	电焊条烘干箱 60×50×75cm³	台班	28.84	0.370	0.530	0.760	0.850	1.220
	汽车式起重机 8t	台班	728.19	0.830	1.390	1.830	2.160	2.610
	载货汽车 5t	台班	507.79	1.080	1.810	2.380	2.810	3.390

定 额 编 号			6-9-101	6-9-102	6-9-103	6-9-104	6-9-105
项 目			螺旋式气柜容量(m³)				
			30000 以内	50000 以内	100000 以内	150000 以内	200000 以内
基 价 (元)			**18605.51**	**23396.60**	**27170.50**	**30550.48**	**32656.89**
其 中	人 工 费 (元)		11042.80	15190.80	16550.40	18764.00	19802.00
	材 料 费 (元)		1027.32	1255.73	1744.11	1950.81	2186.22
	机 械 费 (元)		6535.39	6950.07	8875.99	9835.67	10668.67
名 称	单位	单价(元)	数		量		
人工 综合工日	工日	80.00	138.035	189.885	206.880	234.550	247.525
材料 电焊条 结 422 φ2.5	kg	5.04	30.670	32.800	60.560	80.610	83.460
氧气	m³	3.60	71.150	88.970	117.190	125.580	143.660
乙炔气	m³	25.20	23.720	29.660	39.060	41.860	47.890
其他材料费	元	–	18.860	22.690	32.690	37.580	41.580
机械 直流弧焊机 30kW	台班	103.34	17.600	18.260	22.760	26.450	28.040
电焊条烘干箱 60×50×75cm³	台班	28.84	1.760	1.830	2.280	2.650	2.800
汽车式起重机 8t	台班	728.19	3.130	3.610	4.650	5.060	5.540
载货汽车 5t	台班	507.79	4.700	4.690	6.050	6.580	7.200

(5)螺旋式气柜轨道煨弯胎具制作

工作内容:调直、摆料、放样、号料、切割、剪切、卷弧、钻孔、成型、组对、焊接、矫正。

单位:套

定　额　编　号				6-9-106	6-9-107	6-9-108	6-9-109	6-9-110
项　　　　目				螺旋式气柜容量(m³)				
				1000 以内	2500 以内	5000 以内	10000 以内	20000 以内
基　　价　　(元)				7398.86	8071.46	9050.48	9686.80	10392.06
其中	人　工　费　(元)			836.00	919.60	1003.20	1086.80	1170.40
	材　料　费　(元)			5041.36	5402.98	6043.49	6359.17	6795.52
	机　械　费　(元)			1521.50	1748.88	2003.79	2240.83	2426.14
名　　称		单位	单价(元)	数		量		
人工	综合工日	工日	80.00	10.450	11.495	12.540	13.585	14.630
材料	钢板综合	kg	3.75	550.000	590.000	628.000	648.000	661.000
	角钢综合	kg	4.00	48.000	96.000	145.000	192.000	216.000
	槽钢 5~16 号	kg	4.00	620.000	620.000	689.000	689.000	758.000
	电焊条 结 422 ϕ2.5	kg	5.04	20.400	22.400	24.500	26.500	27.500
	氧气	m³	3.60	5.800	5.800	5.800	8.700	8.700
	乙炔气	m³	25.20	1.930	1.930	1.930	2.900	2.900
	尼龙砂轮片 ϕ150	片	7.60	4.000	4.300	4.600	4.800	5.000
	其他材料费	元	–	104.130	111.390	124.530	130.730	139.770
机械	直流弧焊机 30kW	台班	103.34	2.040	3.060	4.080	4.080	4.590
	电焊条烘干箱 60×50×75cm³	台班	28.84	0.260	0.380	0.510	0.510	0.570
	剪切机 20mm×2500mm	台班	302.52	0.390	0.390	0.480	0.480	0.480
	汽车式起重机 8t	台班	728.19	1.000	1.100	1.200	1.400	1.510
	载货汽车 5t	台班	507.79	0.900	0.990	1.080	1.260	1.360

定　　额　　编　　号			6-9-111	6-9-112	6-9-113	6-9-114	6-9-115
项　　　　　目			螺旋式气柜容量(m³)				
			30000 以内	50000 以内	100000 以内	150000 以内	200000 以内
基　　　价　（元）			**10997.36**	**11591.77**	**13339.46**	**14653.13**	**15780.56**
其中	人　工　费　（元）		1212.40	1274.80	1421.20	1504.80	1588.40
	材　料　费　（元）		7240.30	7462.65	8660.27	9653.30	10429.84
	机　械　费　（元）		2544.66	2854.32	3257.99	3495.03	3762.32
名　　　　称	单位	单价(元)	数		量		
人工 综合工日	工日	80.00	15.155	15.935	17.765	18.810	19.855
材料 钢板综合	kg	3.75	675.000	730.000	785.000	942.000	997.000
角钢综合	kg	4.00	241.000	241.000	265.000	289.000	313.000
槽钢 5~16 号	kg	4.00	827.000	827.000	1033.000	1102.000	1208.000
电焊条 结 422 ϕ2.5	kg	5.04	28.600	30.600	32.600	34.700	36.700
氧气	m³	3.60	8.700	8.700	11.600	11.600	13.500
乙炔气	m³	25.20	2.900	2.900	3.870	3.870	4.500
尼龙砂轮片 ϕ150	片	7.60	5.200	5.400	5.600	5.800	6.000
其他材料费	元	—	148.990	153.490	178.370	198.550	214.520
机械 直流弧焊机 30kW	台班	103.34	4.590	5.100	6.120	6.120	6.120
电焊条烘干箱 60×50×75cm³	台班	28.84	0.570	0.640	0.770	0.770	0.770
剪板机 20mm×2500mm	台班	302.52	0.480	0.580	0.770	0.770	0.870
汽车式起重机 8t	台班	728.19	1.610	1.800	2.000	2.200	2.400
载货汽车 5t	台班	507.79	1.450	1.620	1.800	1.980	2.160

(6)螺旋式气柜型钢煨弯胎具制作

工作内容:调直、摆料、放样、号料、切割、剪切、卷弧、钻孔、成型、组对、焊接、矫正。

单位:套

定 额 编 号			6-9-116	6-9-117	6-9-118	6-9-119	6-9-120
项 目			螺旋式气柜容量(m³)				
			2500 以内	5000 以内	10000 以内	20000 以内	30000 以内
基 价 (元)			**4643.50**	**6112.50**	**6576.41**	**7486.43**	**7888.55**
其中	人 工 费 (元)		748.80	811.20	873.60	894.40	936.00
	材 料 费 (元)		2156.50	2994.29	3438.65	4057.55	4276.98
	机 械 费 (元)		1738.20	2307.01	2264.16	2534.48	2675.57
名 称	单位	单价(元)	数			量	
人工 综合工日	工日	80.00	9.360	10.140	10.920	11.180	11.700
材料 钢板综合	kg	3.75	400.000	550.000	652.000	730.000	770.000
热轧工字钢 普型 18 以上	kg	4.10	100.000	150.000	160.000	180.000	190.000
无缝钢管综合	kg	5.80	–	–	–	35.000	36.000
电焊条 结 422 φ2.5	kg	5.04	15.600	18.700	20.700	21.800	22.800
氧气	m³	3.60	8.800	11.700	11.700	13.600	14.600
乙炔气	m³	25.20	2.930	3.900	3.900	4.530	4.870
尼龙砂轮片 φ150	片	7.60	2.100	2.300	2.500	2.600	2.700
其他材料费	元	–	46.400	64.660	73.920	86.300	90.960
机械 直流弧焊机 30kW	台班	103.34	2.590	3.100	3.620	3.620	3.830
电焊条烘干箱 60×50×75cm³	台班	28.84	0.330	0.390	0.450	0.450	0.480
剪板机 20mm×2500mm	台班	302.52	0.520	0.620	0.720	0.830	0.830
汽车式起重机 8t	台班	728.19	1.100	1.200	1.400	1.600	1.700
载货汽车 5t	台班	507.79	0.990	1.800	1.260	1.440	1.530

定　额　编　号			6-9-121	6-9-122	6-9-123	6-9-124
项　　　目			螺旋式气柜容量(m³)			
			50000 以内	100000 以内	150000 以内	200000 以内
基　　　价　（元）			**8326.73**	**8979.78**	**10122.82**	**11139.79**
其中	人　工　费　（元）		977.60	998.40	1081.60	1144.00
	材　料　费　（元）		4514.17	4856.56	5624.92	6253.42
	机　械　费　（元）		2834.96	3124.82	3416.30	3742.37
名　　　称	单位	单价(元)	数		量	
人工	综合工日	工日	80.00	12.220	12.480	13.520	14.300
材料	钢板综合	kg	3.75	810.000	870.000	990.000	1110.000
	热轧工字钢 普型 18 以上	kg	4.10	200.000	217.000	260.000	289.000
	无缝钢管综合	kg	5.80	38.000	40.000	50.000	55.000
	电焊条 结 422 φ2.5	kg	5.04	23.800	24.800	31.000	34.100
	氧气	m³	3.60	16.600	18.500	21.400	21.400
	乙炔气	m³	25.20	5.530	6.170	7.130	7.130
	尼龙砂轮片 φ150	片	7.60	2.800	2.900	3.100	3.300
	其他材料费	元	－	95.920	103.240	119.900	133.360
机械	直流弧焊机 30kW	台班	103.34	3.930	4.140	4.650	5.170
	电焊条烘干箱 60×50×75cm³	台班	28.84	0.490	0.520	0.580	0.650
	剪板机 20mm×2500mm	台班	302.52	0.930	1.030	1.030	1.140
	汽车式起重机 8t	台班	728.19	1.800	2.000	2.200	2.400
	载货汽车 5t	台班	507.79	1.620	1.800	1.980	2.160

3. 低压湿式气柜充水、气密、快速升降试验

工作内容:临时管线、阀门、盲板的安装与拆除,气柜内部清理、设备封口、装水、充气、检查调整导轮、配重块及快速升降试验。 单位:座

定　额　编　号				6-9-125	6-9-126	6-9-127	6-9-128	6-9-129	6-9-130
项　　　　目				直升式		螺旋式			
				气柜容量(m³)					
				1000 以内		2500 以内	5000 以内	10000 以内	20000 以内
基　　　价（元）				**5981.33**	**9921.40**	**19768.12**	**24037.25**	**41266.29**	**54495.69**
其中	人　工　费　（元）			1380.00	1640.00	2240.00	2780.00	3640.00	3980.00
	材　料　费　（元）			2639.27	5844.42	12999.68	15708.99	19851.20	34082.57
	机　械　费　（元）			1962.06	2436.98	4528.44	5548.26	17775.09	16433.12
名　　称		单位	单价(元)	数			量		
人工	综合工日	工日	80.00	17.250	20.500	28.000	34.750	45.500	49.750
材料	焊接钢管 DN50	m	17.54	10.000	10.000	—	—	—	—
	焊接钢管 DN100	m	41.39	—	—	10.000	10.000	10.000	10.000
	截止阀 J41H－16 50	个	145.00	0.050	0.050	—	—	—	—
	截止阀 J41H－16 100	个	595.00	—	—	0.050	0.050	0.050	0.050
	平焊法兰 1.6MPa DN50	副	75.00	0.100	0.100	—	—	—	—
	平焊法兰 1.6MPa DN100	副	132.00	—	—	0.100	0.100	0.100	0.100
	压制弯头 90°R＝1.5D DN50	个	2.32	0.100	0.100	—	—	—	—
	压制弯头 90°R＝1.5D DN100	个	9.91	—	—	0.100	0.100	0.100	0.100

单位:座

定 额 编 号				6-9-125	6-9-126	6-9-127	6-9-128	6-9-129	6-9-130
项 目				直升式	螺旋式				
				气柜容量(m³)					
				1000 以内	2500 以内	5000 以内	10000 以内	20000 以内	
材 料	盲板	kg	10.80	2.000	3.300	5.800	14.500	14.500	19.500
	电焊条 结 422 φ2.5	kg	5.04	4.000	6.000	8.000	10.000	12.000	13.000
	氧气	m³	3.60	6.000	9.020	12.000	15.010	18.000	19.500
	乙炔气	m³	25.20	2.000	3.010	4.000	5.000	6.000	6.500
	水	t	4.00	556.000	1324.000	3000.000	3623.000	4624.000	8130.000
	石棉橡胶板 低压 0.8~1.0	kg	13.20	2.180	4.820	6.420	8.260	10.570	10.790
	橡胶板 各种规格	kg	9.68	1.000	1.000	2.000	2.000	2.000	2.500
	精制六角带帽螺栓	kg	6.90	7.000	8.630	11.380	15.730	19.700	20.540
	其他材料费	元	–	24.370	50.980	112.250	135.180	169.460	286.250
机 械	直流弧焊机 30kW	台班	103.34	2.000	3.000	4.000	5.000	6.000	6.500
	内燃空气压缩机 9m³/min	台班	691.90	2.000	2.000	4.000	5.000	–	–
	内燃空气压缩机 40m³/min	台班	4969.75	–	–	–	–	3.000	3.000
	电动单级离心清水泵 φ50mm	台班	185.79	2.000	4.000	–	–	–	–
	电动单级离心清水泵 φ100mm	台班	224.58	–	–	6.000	7.000	10.000	–
	鼓风机 18m³/min	台班	213.04	–	–	–	–	–	4.000

定 额 编 号			6-9-131	6-9-132	6-9-133	6-9-134	6-9-135
项 目			螺旋式				
			气柜容量(m³)				
			30000 以内	50000 以内	100000 以内	150000 以内	200000 以内
基 价 (元)			72771.85	89221.66	160155.32	194751.46	228981.66
其中	人 工 费 (元)		4240.00	4840.00	7360.00	10040.00	12400.00
	材 料 费 (元)		48636.12	63333.07	131560.98	160288.54	188970.16
	机 械 费 (元)		19895.73	21048.59	21234.34	24422.92	27611.50
名 称	单位	单价(元)	数		量		
人工 综合工日	工日	80.00	53.000	60.500	92.000	125.500	155.000
材料 焊接钢管 DN150	m	71.33	10.000	10.000	10.000	10.000	10.000
截止阀 J41H－16 150	个	741.00	0.050	0.050	0.100	0.100	0.100
平焊法兰 1.6MPa DN150	副	215.00	0.100	0.100	0.100	0.100	0.100
压制弯头 90°$R = 1.5D$ DN150	个	23.40	0.100	0.100	0.100	0.100	0.100
盲板	kg	10.80	24.500	24.500	42.300	42.300	43.300
电焊条 结 422 ϕ2.5	kg	5.04	14.000	16.000	20.000	30.000	40.000

定 额 编 号			6-9-131	6-9-132	6-9-133	6-9-134	6-9-135
项 目			螺旋式				
			气柜容量(m³)				
			30000 以内	50000 以内	100000 以内	150000 以内	200000 以内
材料	氧气	m³	3.60	21.010	24.000	30.000	45.000	·55.000
	乙炔气	m³	25.20	7.000	8.000	10.000	15.000	18.500
	水	t	4.00	11636.000	15263.000	32084.000	39135.000	46186.000
	石棉橡胶板 低压 0.8~1.0	kg	13.20	11.000	12.120	14.100	15.260	16.420
	橡胶板 各种规格	kg	9.68	3.000	3.000	4.000	4.000	4.000
	精制六角带帽螺栓	kg	6.90	21.380	22.490	26.350	32.370	38.390
	其他材料费	元	–	408.970	529.430	1089.440	1325.750	1561.120
机械	直流弧焊机 30kW	台班	103.34	7.000	8.000	10.000	15.000	20.000
	鼓风机 18m³/min	台班	213.04	4.000	4.000	6.000	8.000	10.000
	内燃空气压缩机 40m³/min	台班	4969.75	3.000	3.000	2.000	2.000	2.000
	电动单级离心清水泵 φ100mm	台班	224.58	–	–	40.000	50.000	60.000
	电动单级离心清水泵 φ150mm	台班	262.38	13.000	17.000	–	–	–

三、球罐整体热处理

1. 柴油加热

工作内容:保温被、保温被压缚机构、立柱移动装置的制作、安装、拆除,热处理装置的设置、拆除、点火升温、恒温、降温、球罐复原、整理记录等。

单位:台

定 额 编 号				6-9-136	6-9-137	6-9-138	6-9-139
项 目				球罐容积(m³)			
				120	400	650	1000
基 价 (元)				**45578.33**	**72876.92**	**86537.62**	**105036.61**
其中	人 工 费 (元)			11919.60	20786.80	25570.00	30991.60
	材 料 费 (元)			25766.35	43774.04	52461.40	65294.91
	机 械 费 (元)			7892.38	8316.08	8506.22	8750.10
名 称		单位	单价(元)	数		量	
人工	综合工日	工日	80.00	148.995	259.835	319.625	387.395
材料	烟囱 φ(500~600)×2000×4	个	—	(0.200)	(0.200)	(0.200)	(0.200)
	电焊条 结422 φ2.5	kg	5.04	19.050	36.410	45.600	57.410
	氧气	m³	3.60	10.170	19.410	24.330	30.630
	乙炔气	m³	25.20	3.390	6.470	8.110	10.210
	储油罐 φ1000×2000×8	台	3500.00	0.200	0.200	0.200	0.200
	分气罐 φ377×800×8	台	960.00	0.200	0.200	0.200	0.200

定　额　编　号			6-9-136	6-9-137	6-9-138	6-9-139
项　　　　目			球罐容积(m³)			
			120	400	650	1000
材料	油缓冲罐 φ377×800×8	台	960.00	0.200	0.200	0.200	0.200
	进风套筒 φ320×560×4	套	155.00	0.250	0.250	0.250	0.250
	主副点火器	套	3780.00	0.250	0.250	0.250	0.250
	燃油喷嘴 1~2号	件	18.00	0.500	0.500	0.500	0.500
	油过滤器	个	85.00	0.250	0.250	0.250	0.250
	螺纹阀门 DN50	个	41.00	6.000	6.000	6.000	6.000
	转子流量计 TZB－25 1000t/min	支	28.00	0.500	0.500	0.500	0.500
	热电偶 1000℃ 1m	个	82.00	4.250	4.250	4.250	4.250
	补偿导线 EV2×1mm²	m	5.25	150.000	150.000	150.000	150.000
	导向支架	套	204.00	0.250	0.250	0.250	0.250
	夹布胶管(耐油) φ25	m	19.40	33.000	33.000	33.000	33.000
	夹布胶管(耐油) φ50	m	22.81	36.000	36.000	36.000	36.000
	夹布胶管(耐油) φ100	m	27.08	24.000	24.000	24.000	24.000
	铜芯聚氯乙烯绝缘线 BV10	m	7.74	9.000	9.000	9.000	9.000
	铜芯聚氯乙烯绝缘线 BV6	m	4.24	6.000	6.000	6.000	6.000

单位:台

定 额 编 号			6-9-136	6-9-137	6-9-138	6-9-139
项 目			球罐容积(m³)			
			120	400	650	1000
材料	热电偶固定螺母	个	0.70	13.000	13.000	17.000	17.000
	不锈钢六角带帽螺栓 M10×20	套	3.45	7.500	16.500	19.500	27.000
	均热不锈钢板 1Cr18Ni9Ti δ>8	kg	28.00	21.200	70.560	84.750	105.980
	支柱移动装置	kg	4.90	254.580	435.610	552.380	670.090
	保温被压缚结构	kg	4.47	105.230	216.340	274.910	365.040
	高硅氧棉(绳)	kg	19.00	6.750	15.320	21.960	26.480
	镀锌铁丝网 20×20×1.6	m²	12.92	270.000	612.800	792.000	1059.200
	玻璃布	m²	2.20	270.000	612.800	792.000	1059.200
	钢丝绳 股丝(6~7)×19 φ=20	m	6.86	10.160	19.400	24.320	30.620
	铁丝 12 号	kg	3.80	4.500	10.000	13.000	18.000
	柴油 0 号	kg	8.70	1200.000	2000.000	2500.000	3000.000
	液化气	kg	4.80	500.000	1000.000	1000.000	1500.000
	其他材料费	元	–	313.080	535.300	642.040	802.290
机械	直流弧焊机 30kW	台班	103.34	3.180	7.280	9.120	11.480
	高压油泵 50MPa	台班	253.57	8.000	8.000	8.000	8.000
	内燃空气压缩机 9m³/min	台班	691.90	8.000	8.000	8.000	8.000

2. 电加热

工作内容:保温被、保温被压缚机构、立柱移动装置的制作、安装、拆除,热处理装置的设置、拆除、点火升温、恒温、降温、球罐复原、整理记录等。

单位:台

定 额 编 号				6-9-140	6-9-141	6-9-142	6-9-143
项 目				球罐容积(m³)			
				120	400	650	1000
基 价 (元)				**40105.67**	**76490.28**	**97927.05**	**124330.28**
其中	人 工 费 (元)			15094.40	25058.40	30367.60	36567.20
	材 料 费 (元)			24682.65	50679.56	66616.99	86576.74
	机 械 费 (元)			328.62	752.32	942.46	1186.34
	名 称	单位	单价(元)	数		量	
人工	综合工日	工日	80.00	188.680	313.230	379.595	457.090
材料	电焊条 结 422 φ2.5	kg	5.04	19.050	36.410	45.600	57.410
	氧气	m³	3.60	10.160	19.420	24.320	30.630
	乙炔气	m³	25.20	3.390	6.470	8.110	10.210
	电加热器	个	1028.00	7.000	16.200	22.000	29.000
	热电偶 1000℃ 1m	个	82.00	7.500	7.500	7.500	7.500
	白钢元母线	10m	85.00	1.250	1.250	1.250	1.250
	补偿导线 EV2×1mm²	m	5.25	11.250	11.250	11.250	11.250

续前

定 额 编 号			6-9-140	6-9-141	6-9-142	6-9-143
项 目			球罐容积（m³）			
			120	400	650	1000
材料	铜芯聚氯乙烯绝缘线 BV25	km	18147.00	0.150	0.150	0.150	0.150
	铜芯聚氯乙烯绝缘聚氯乙烯护套控制电缆 450/750V KVV 五芯1.5	km	7506.96	0.060	0.060	0.060	0.060
	铜接线端子 PT－4mm²	个	3.31	6.200	14.400	19.700	26.000
	电热器检查接线	组	32.00	0.500	1.200	1.600	2.200
	支柱移动装置	kg	4.90	254.580	435.610	552.380	670.090
	高硅氧棉（绳）	kg	19.00	6.750	15.320	21.960	26.480
	高纯型硅酸铝毡	kg	14.00	30.000	70.000	96.000	127.000
	镀锌铁丝网 20×20×1.6	m²	12.92	270.000	612.800	792.000	1059.200
	保温被压缚结构	kg	4.47	105.230	216.340	274.910	365.040
	玻璃布	m²	2.20	270.000	612.800	792.000	1059.200
	铁丝 12 号	kg	3.80	4.500	10.000	13.000	18.000
	电	kW·h	0.85	7800.000	18000.000	24600.000	32590.000
	其他材料费	元	－	283.760	594.510	778.870	1017.300
机械	直流弧焊机 30kW	台班	103.34	3.180	7.280	9.120	11.480

第十章　冶金储运结构安装

说　　明

一、本章下列定额包括的范围如下：

1. 漏斗：包括贮槽、漏斗。

2. 通廊结构：包括支架、桁架及横梁、檩条、支撑。

二、漏斗板衬如需刷油时，其定额按解体漏斗定额执行。

三、漏斗衬板如为螺栓连接时，定额中可取消焊条及电焊机项目，电焊工的工日数改为安装工工日数。

四、操作台：包括工艺结构系统的工作平台、操作台及所属的平台柱、平台梁和平台板。

一、索道塔架、扁轨吊架及通廊结构安装

工作内容: 构件现场倒运、复查基础、构件微小变形的修理、构件的临时加固、就位、吊装、找正、吊架、简单起重工具的设置、移动与拆除、临时点焊、固定及焊接工作。

单位:t

定 额 编 号			6-10-1	6-10-2	6-10-3	6-10-4
项 目			索道塔架		扁轨吊架	通廊结构
			20m	20m 以上		
基 价 （元）			**1509.28**	**1748.03**	**799.93**	**853.36**
其中	人 工 费 （元）		845.44	972.16	304.00	266.24
	材 料 费 （元）		86.32	101.41	48.76	88.70
	机 械 费 （元）		577.52	674.46	447.17	498.42
名 称	单位	单价（元）	数		量	
人工 综合工日	工日	80.00	10.568	12.152	3.800	3.328
材料 电焊条 结 422 ϕ2.5	kg	5.04	11.000	13.000	2.600	3.000
氧气	m³	3.60	0.800	0.900	1.440	3.600
乙炔气	m³	25.20	0.270	0.300	0.480	1.200
垫板（钢板 $\delta=10$）	kg	4.56	2.000	2.500	0.500	2.250
镀锌铁丝 8～12 号	kg	5.36	1.500	1.800	2.250	3.000
其他材料费	元	−	4.040	4.040	4.040	4.040
机械 吊装机械综合(2)	台班	1536.40	0.240	0.290	0.210	0.220
拖车组综合	台班	1781.64	0.033	0.033	0.033	0.044
倒运机械综合(2)	台班	1114.80	0.033	0.033	0.033	0.044
电焊机综合	台班	100.64	1.100	1.300	0.260	0.300
其他机械费	元	−	2.500	2.490	2.780	2.780

二、漏斗梁、漏斗、漏斗衬板、溜槽结构安装

工作内容: 构件现场倒运、复查基础、构件微小变形的修理、构件的临时加固、就位、吊装、找正、固定、吊架、简单起重工具的设置、移动与拆除、临时点焊、固定及焊接等。

单位:t

定 额 编 号			6-10-5	6-10-6	6-10-7	6-10-8
项 目			漏斗梁	整体漏斗(T)		解体漏斗
				20m 以上	15t 以上	
基 价 (元)			**610.15**	**867.31**	**731.62**	**1480.92**
其中	人 工 费 (元)		237.60	364.80	320.00	691.20
	材 料 费 (元)		74.69	75.58	66.53	202.79
	机 械 费 (元)		297.86	426.93	345.09	586.93
名 称	单位	单价(元)	数		量	
人工 综合工日	工日	80.00	2.970	4.560	4.000	8.640
材料 电焊条 结422 φ2.5	kg	5.04	1.500	2.000	1.500	15.000
氧气	m³	3.60	2.400	2.200	2.200	6.000
乙炔气	m³	25.20	1.040	0.960	0.960	2.610
垫板(钢板δ=10)	kg	4.56	3.000	3.000	2.250	3.000
镀锌铁丝8~12号	kg	5.36	1.500	1.800	1.500	3.000
醇酸防锈漆 C53-1 红丹	kg	16.72	0.390	0.360	0.270	0.360
其他材料费	元	-	4.040	4.040	4.040	4.040
机械 吊装机械综合(2)	台班	1536.40	0.120	0.180	0.130	0.220
拖车组综合	台班	1781.64	0.033	0.044	0.044	0.033
倒运机械综合(2)	台班	1114.80	0.033	0.044	0.044	0.033
电焊机综合	台班	100.64	0.150	0.200	0.150	1.500
其他机械费	元	-	2.810	2.810	2.820	2.380

定 额 编 号				6-10-9	6-10-10	6-10-11
项 目				漏斗衬板	溜槽	操作平台(轻型)
基 价 (元)				**813.26**	**1046.13**	**1092.78**
其 中	人 工 费 (元)			330.40	456.80	423.20
	材 料 费 (元)			96.55	161.42	189.01
	机 械 费 (元)			386.31	427.91	480.57
名 称		单位	单价(元)	数		量
人工	综合工日	工日	80.00	4.130	5.710	5.290
材 料	电焊条 结 422 ϕ2.5	kg	5.04	6.000	3.000	2.000
	氧气	m³	3.60	4.000	3.600	3.600
	乙炔气	m³	25.20	1.740	1.570	1.570
	垫板(钢板 $\delta=10$)	kg	4.56	–	2.000	1.500
	镀锌铁丝 8~12 号	kg	5.36	0.750	1.200	0.750
	酚醛调和漆 (各种颜色)	kg	18.00	–	3.580	5.380
	醇酸防锈漆 C53-1 红丹	kg	16.72	–	0.360	0.540
	松香水	kg	12.00	–	0.310	0.470
	其他材料费	元	–	4.040	4.040	4.040
机 械	吊装机械综合(2)	台班	1536.40	0.130	0.180	0.220
	拖车组综合	台班	1781.64	0.033	0.033	0.033
	倒运机械综合(2)	台班	1114.80	0.033	0.033	0.033
	电焊机综合	台班	100.64	0.880	0.528	0.440
	其他机械费	元	–	2.430	2.640	2.700

第十一章　冶金厂房结构安装

说　明

一、下列定额包括的内容如下：

1. 屋架：包括屋架梁、托架、屋架。

2. 天窗架：包括天窗、挡风架。

3. 支撑：包括水平支撑、垂直支撑、柱间支撑、箱形支撑及拉杆螺栓。

4. 檩条：包括型钢式、组合式檩条。

5. 墙架：包括墙皮柱、墙皮梁。

6. 钢屋面板：包括壁板、挡风板、遮雨板、钢屋面板、压型墙板。

7. 瓦楞屋面板：指波形瓦楞屋面。

8. 制动梁：包括制动板、制动桁架、车挡。

9. 走台、梯子：包括板式走台、箅式走台、走台板、走台梁、钢盖板、踏步梯、爬梯、栏杆；重型工作台套联合平台子目。

10. 单轨吊车梁：包括单轨吊车梁的横梁及其固定件。

11. 钢门窗：包括钢大门、钢门框、钢窗、百叶窗（指金属结构制作的钢门窗）。

12. 吊车轨道：包括重轨、轻轨、方钢轨道。

13. 金属网架。

二、本章定额的安装人工以焊接或普通螺栓连接为准。

三、井式、下沉式、横式天窗架安装，其人工、机械乘以系数 1.1。

四、吊车梁需拼装时，其人工、机械消耗乘以系数1.6。

五、在混凝土吊车梁上安装轨道和方钢轨道时其人工乘以系数1.2。

六、轨道、方钢轨道安装定额内未包括二次灌浆及附件制作。

七、柱、支架如为双肢或空腹时，乘以系数1.2。

八、安装用的螺栓等材料按设计用量及本册附录规定的损耗率计算，进入直接费。

九、厂房框架中的柱、梁需在现场拼接时，可套用钢柱拼接子目。

一、钢柱、框架安装

工作内容:构件现场倒运、复查基础、构件微小变形的修理、构件的临时加固、就位、吊装、找正、固定、吊架、简单起重工具的
设置、移动与拆除、临时点焊、固定及焊接工作等。

单位:t

定 额 编 号			6-11-1	6-11-2	6-11-3	6-11-4	6-11-5	6-11-6
项　　　　　目			钢柱(t)				箱形柱	箱形梁
			7 以内	15 以内	25 以内	25 以上		
基　　　价　(元)			**271.79**	**247.47**	**238.41**	**245.64**	**315.23**	**333.36**
其中	人　工　费　(元)		79.20	72.80	68.00	63.20	87.36	95.68
	材　料　费　(元)		48.30	39.05	35.78	26.78	50.80	34.82
	机　械　费　(元)		144.29	135.62	134.63	155.66	177.07	202.86
名　　称	单位	单价(元)	数			量		
人工 综合工日	工日	80.00	0.990	0.910	0.850	0.790	1.092	1.196
材料 电焊条 结422 φ2.5	kg	5.04	0.900	0.800	0.700	0.650	1.040	0.845
氧气	m³	3.60	0.800	0.700	0.500	0.400	0.910	0.520
乙炔气	m³	25.20	0.270	0.230	0.170	0.130	0.300	0.169
垫板(钢板 δ=10)	kg	4.56	6.000	4.500	4.500	3.000	5.850	3.900
镀锌铁丝 8~12 号	kg	5.36	0.500	0.400	0.300	0.200	0.520	0.260
其他材料费	元	—	4.040	4.040	4.040	4.040	5.260	5.250
机械 吊装机械综合(2)	台班	1536.40	0.024	0.019	0.019	0.033	0.025	0.043
拖车组综合	台班	1781.64	0.033	0.033	0.033	0.033	0.043	0.043
倒运机械综合(2)	台班	1114.80	0.033	0.033	0.033	0.033	0.043	0.043
电焊机综合	台班	100.64	0.090	0.080	0.070	0.065	0.104	0.085
其他机械费	元	—	2.780	2.790	2.810	2.830	3.650	3.690

工作内容:同前

单位:t

定　额　编　号				6-11-7	6-11-8
项　　　　目				钢柱拼装	厂房框架
基　　价　（元）				**111.41**	**443.78**
其中	人　工　费　（元）			43.20	143.20
	材　料　费　（元）			18.42	44.50
	机　械　费　（元）			49.79	256.08
名　　　　称		单位	单价(元)	数	量
人工	综合工日	工日	80.00	0.540	1.790
材料	电焊条 结 422 φ2.5	kg	5.04	1.200	0.280
	氧气	m³	3.60	0.300	0.570
	乙炔气	m³	25.20	0.100	0.190
	垫板(钢板 δ = 10)	kg	4.56	0.450	2.010
	镀锌铁丝 8～12 号	kg	5.36	0.500	4.300
	其他材料费	元	－	4.040	4.040
机械	吊装机械综合(2)	台班	1536.40	0.023	0.080
	拖车组综合	台班	1781.64	－	0.044
	倒运机械综合(2)	台班	1114.80	－	0.044
	电焊机综合	台班	100.64	0.120	0.028
	其他机械费	元	－	2.380	2.910

二、吊车梁安装

工作内容：构件现场倒运、复查基础、构件微小变形的修理、构件的临时加固、就位、吊装、找正、固定、吊架、简单起重工具的设置、移动与拆除、临时点焊、固定及焊接工作等。

单位：t

定 额 编 号			6-11-9	6-11-10	6-11-11	6-11-12	6-11-13
项 目			吊车梁(t)				
			5	10	15	25	25 以上
基 价 （元）			**317.34**	**282.85**	**261.92**	**250.14**	**243.83**
其中	人 工 费 （元）		123.20	116.80	103.20	92.80	80.00
	材 料 费 （元）		26.19	22.54	19.28	16.76	15.81
	机 械 费 （元）		167.95	143.51	139.44	140.58	148.02
名 称	单位	单价(元)	数		量		
人工 综合工日	工日	80.00	1.540	1.460	1.290	1.160	1.000
材料 电焊条 结422 ϕ2.5	kg	5.04	0.960	0.820	0.720	0.680	0.500
氧气	m³	3.60	0.400	0.350	0.300	0.250	0.250
乙炔气	m³	25.20	0.130	0.120	0.100	0.083	0.083
垫板(钢板 $\delta=10$)	kg	4.56	1.000	0.800	0.700	0.500	0.490
镀锌铁丝 8~12 号	kg	5.36	1.500	1.200	0.900	0.750	0.750
其他材料费	元	－	4.040	4.040	4.040	4.040	4.040
机械 吊装机械综合(2)	台班	1536.40	0.039	0.024	0.022	0.023	0.029
拖车组综合	台班	1781.64	0.033	0.033	0.033	0.033	0.033
倒运机械综合(2)	台班	1114.80	0.033	0.033	0.033	0.033	0.033
电焊机综合	台班	100.64	0.096	0.082	0.072	0.068	0.050
其他机械费	元	－	2.790	2.800	2.810	2.820	2.850

工作内容:同前

单位:t

定 额 编 号				6-11-14	6-11-15	6-11-16
项 目				箱形吊车梁	制动梁	单轨吊车梁
基 价 (元)				**359.34**	**630.33**	**667.69**
其中	人 工 费 (元)			130.40	188.40	97.20
	材 料 费 (元)			28.24	46.08	46.48
	机 械 费 (元)			200.70	395.85	524.01
名 称		单位	单价(元)	数		量
人工	综合工日	工日	80.00	1.630	2.355	1.215
材料	电焊条 结 422 φ2.5	kg	5.04	0.420	2.000	2.600
	氧气	m³	3.60	0.600	1.200	1.440
	乙炔气	m³	25.20	0.200	0.400	0.480
	垫板(钢板 δ=10)	kg	4.56	1.500	1.500	–
	镀锌铁丝 8~12 号	kg	5.36	1.500	2.000	2.250
	其他材料费	元	–	4.040	4.040	4.040
机械	吊装机械综合(2)	台班	1536.40	0.030	0.156	0.260
	拖车组综合	台班	1781.64	0.033	0.046	0.033
	倒运机械综合(2)	台班	1114.80	0.033	0.046	0.033
	电焊机综合	台班	100.64	0.042	0.200	0.260
	电动空气压缩机 10m³/min	台班	519.44	0.100	–	–
	其他机械费	元	–	2.850	2.810	2.800

工作内容:同前

单位:t

定 额 编 号				6-11-17	6-11-18	6-11-19	6-11-20
项 目				轨道			方钢轨道
				24kg/m 以内	50kg/m 以内	重型	
基 价 (元)				**696.89**	**638.35**	**544.81**	**606.69**
其中	人 工 费 (元)			278.80	253.60	217.20	330.80
	材 料 费 (元)			25.03	20.73	24.76	58.80
	机 械 费 (元)			393.06	364.02	302.85	217.09
名 称		单位	单价(元)	数		量	
人工	综合工日	工日	80.00	3.485	3.170	2.715	4.135
材料	电焊条 结 422 φ2.5	kg	5.04	1.800	1.200	2.000	8.500
	氧气	m³	3.60	1.000	0.500	0.500	1.000
	乙炔气	m³	25.20	0.330	0.170	0.170	0.330
	垫板(钢板 δ=10)	kg	4.56	–	1.000	1.000	–
	其他材料费	元	–	4.040	4.040	4.040	4.040
机械	吊装机械综合(2)	台班	1536.40	0.180	0.165	0.120	0.022
	拖车组综合	台班	1781.64	0.033	0.033	0.033	0.033
	倒运机械综合(2)	台班	1114.80	0.033	0.033	0.033	0.033
	电焊机综合	台班	100.64	0.180	0.120	0.200	0.850
	其他机械费	元	–	2.810	2.850	2.770	2.160

三、屋架安装

工作内容: 构件现场倒运、复查基础、构件微小变形的修理、构件的临时加固、就位、吊装、找正、固定、吊架、简单起重工具的设置、移动与拆除、临时点焊、固定及焊接工作等。

单位:t

定　额　编　号			6-11-21	6-11-22	6-11-23	6-11-24
项　　　　目			屋架		箱形屋架梁	轻型屋架
			拼装	安装		
基　　价　（元）			**439.49**	**458.23**	**504.67**	**879.28**
其中	人　工　费　（元）		82.40	145.60	165.60	333.60
	材　料　费　（元）		25.86	47.13	51.46	69.29
	机　械　费　（元）		331.23	265.50	287.61	476.39
名　　　称	单位	单价（元）	数		量	
人工　综合工日	工日	80.00	1.030	1.820	2.070	4.170
材料　电焊条 结 422 φ2.5	kg	5.04	1.650	0.300	0.360	0.800
氧气	m³	3.60	0.600	0.600	0.700	1.500
乙炔气	m³	25.20	0.200	0.200	0.230	0.500
垫板（钢板 δ=10）	kg	4.56	0.500	2.250	2.300	3.600
镀锌铁丝 8~12 号	kg	5.36	0.750	4.500	5.000	5.000
其他材料费	元	—	4.040	4.040	4.040	4.040
机械　吊装机械综合(2)	台班	1536.40	0.120	0.086	0.100	0.220
拖车组综合	台班	1781.64	0.044	0.044	0.044	0.044
倒运机械综合(2)	台班	1114.80	0.044	0.044	0.044	0.044
电焊机综合	台班	100.64	0.165	0.030	0.036	0.080
其他机械费	元	—	2.810	2.910	2.900	2.890

工作内容:同前

单位:t

定　额　编　号			6-11-25	6-11-26	6-11-27	6-11-28
项　　　　　目			天窗架		支撑	檩条
			拼装	安装		
基　　　价　　（元）			**619.05**	**958.49**	**1303.49**	**852.83**
其中	人　工　费　（元）		332.00	320.00	557.60	300.00
	材　料　费　（元）		21.80	55.87	42.61	25.67
	机　械　费　（元）		265.25	582.62	703.28	527.16
名　　　称	单位	单价（元）	数			量
人工 综合工日	工日	80.00	4.150	4.000	6.970	3.750
材料 电焊条 结422 φ2.5	kg	5.04	1.200	2.200	3.200	0.500
氧气	m³	3.60	0.480	1.200	1.200	0.600
乙炔气	m³	25.20	0.160	0.400	0.400	0.200
垫板（钢板δ=10）	kg	4.56	0.600	2.250	－	0.260
镀锌铁丝8~12号	kg	5.36	0.600	3.000	1.500	2.000
其他材料费	元	－	4.040	4.040	4.040	4.040
机械 吊装机械综合(2)	台班	1536.40	0.080	0.280	0.352	0.255
拖车组综合	台班	1781.64	0.044	0.044	0.044	0.044
倒运机械综合(2)	台班	1114.80	0.044	0.044	0.044	0.044
电焊机综合	台班	100.64	0.120	0.220	0.320	0.050
其他机械费	元	－	2.820	2.840	2.820	2.900

工作内容:同前

单位:t

定　额　编　号				6-11-29	6-11-30
项　　　　目				二合一檩条	
				拼装	安装
基　　价　（元）				**182.65**	**844.95**
其中	人　工　费　（元）			52.80	275.20
	材　料　费　（元）			18.76	33.90
	机　械　费　（元）			111.09	535.85
名　　　　　　称		单位	单价（元）	数	量
人工	综合工日	工日	80.00	0.660	3.440
材料	电焊条 结 422 φ2.5	kg	5.04	1.000	0.600
	氧气	m³	3.60	0.400	0.800
	乙炔气	m³	25.20	0.130	0.270
	垫板(钢板 δ=10)	kg	4.56	0.500	–
	镀锌铁丝 8~12 号	kg	5.36	0.500	3.200
	其他材料费	元	–	4.040	4.040
机械	吊装机械综合(2)	台班	1536.40	0.064	0.260
	拖车组综合	台班	1781.64	–	0.044
	倒运机械综合(2)	台班	1114.80	–	0.044
	电焊机综合	台班	100.64	0.100	0.060
	其他机械费	元	–	2.700	2.900

四、屋面板、墙架、走台、梯子、门窗安装

工作内容: 构件现场倒运、复查基础、构件微小变形的修理、构件的临时加固、就位、吊装、找正、固定、吊架、简单起重工具的设置、移动与拆除、临时点焊、固定及焊接工作等。

单位:t

定 额 编 号			6-11-31	6-11-32	6-11-33	6-11-34	6-11-35
项 目			钢屋面板	瓦楞屋面板	墙架	走台、梯子	钢门窗
基 价 (元)			**658.64**	**581.53**	**550.48**	**1088.34**	**922.66**
其中	人 工 费 (元)		223.20	485.60	164.80	328.00	525.60
	材 料 费 (元)		60.68	46.92	43.40	52.11	59.29
	机 械 费 (元)		374.76	49.01	342.28	708.23	337.77
名 称	单位	单价(元)	数		量		
人工 综合工日	工日	80.00	2.790	6.070	2.060	4.100	6.570
材料 电焊条 结 422 ϕ2.5	kg	5.04	6.000	–	2.000	4.000	5.500
氧气	m³	3.60	1.000	–	1.200	1.800	1.000
乙炔气	m³	25.20	0.330	–	0.400	0.260	0.140
垫板(钢板 $\delta=10$)	kg	4.56	2.000	–	1.500	1.500	2.000
镀锌铁丝 8~12 号	kg	5.36	1.000	8.000	1.500	1.500	2.000
其他材料费	元	–	4.040	4.040	4.040	4.040	4.600
机械 吊装机械综合(2)	台班	1536.40	0.120	0.030	0.140	0.350	0.100
拖车组综合	台班	1781.64	0.044	–	0.036	0.044	0.044
倒运机械综合(2)	台班	1114.80	0.044	–	0.036	0.044	0.044
电焊机综合	台班	100.64	0.600	–	0.200	0.400	0.550
其他机械费	元	–	2.560	2.920	2.780	2.790	1.330

五、联合平台安装

工作内容: 构件现场倒运、复查基础、构件微小变形的修理、构件的临时加固、就位、吊装、找正、固定、吊架、简单起重工具的设置、移动与拆除、临时点焊、固定及焊接工作等。

单位:t

定 额 编 号			6-11-36	6-11-37	6-11-38	6-11-39	6-11-40
项 目			联合平台				
			10t	20t	40t	60t	80t
基 价 (元)			**1736.39**	**1511.94**	**1397.67**	**1208.08**	**1166.00**
其中	人 工 费 (元)		438.40	353.60	343.20	332.80	319.20
	材 料 费 (元)		109.51	93.63	79.12	74.72	72.30
	机 械 费 (元)		1188.48	1064.71	975.35	800.56	774.50
名 称	单位	单价(元)	数		量		
人工 综合工日	工日	80.00	5.480	4.420	4.290	4.160	3.990
材料 电焊条 结 422 φ2.5	kg	5.04	2.480	2.420	2.350	2.250	2.190
氧气	m³	3.60	4.050	3.900	3.750	3.580	3.430
乙炔气	m³	25.20	1.350	1.300	1.250	1.190	1.140
垫板(钢板 δ=10)	kg	4.56	9.730	6.710	4.000	3.610	3.540
其他材料费	元	—	4.040	4.040	4.040	4.040	4.040
机械 电焊机综合	台班	100.64	0.248	0.242	0.235	0.225	0.219
电动卷扬机(单筒慢速) 50kN	台班	145.07	0.600	0.500	0.400	0.300	0.300
自行式铲运机(单引擎) 8m³	台班	1272.70	0.300	0.300	0.200	0.160	0.140
载货汽车 8t	台班	619.25	0.240	0.240	0.240	0.240	0.240
汽车式起重机 75t	台班	5403.15	—	—	0.040	0.030	0.030
履带式起重机 25t	台班	1086.59	0.500	0.400	0.250	0.200	0.200
其他机械费	元	—	2.750	2.750	2.740	2.730	2.730

六、金属网架拼装、安装

工作内容:拼装台座架制作、搭设拆除、将单件运至拼装台上、拼成单片或成品电焊固定及安装准备、球网架就位安装、
校正、电焊固定(包括支座安装)、清理等全部过程。

单位:t

	定 额 编 号				6-11-41	6-11-42
	项 目				网架拼装	网架安装
	基 价 (元)				**2095.00**	**924.86**
其中	人 工 费 (元)				1026.40	240.80
	材 料 费 (元)				197.38	58.04
	机 械 费 (元)				871.22	626.02
	名 称	单位	单价(元)		数 量	
人工	综合工日	工日	80.00		12.830	3.010
材料	镀锌铁丝 8~12 号	kg	5.36		7.420	2.000
	电焊条 结 422 φ2.5	kg	5.04		28.850	6.830
	氧气	m³	3.60		1.010	–
	乙炔气	m³	25.20		0.340	–
	二等方木 综合	m³	1800.00		–	0.003
	杉木原木	m³	1500.00		–	0.005
机械	汽车式起重机 5t	台班	546.38		0.180	–
	履带式起重机 25t	台班	1086.59		–	0.530
	交流弧焊机 30kV·A	台班	91.14		8.480	0.550

第十二章　其他冶金工艺结构安装

一、烟道、烟囱安装

单位:t

工作内容:组对、焊接、吊装就位、固定缆风绳。

定　额　编　号			6-12-1	6-12-2	6-12-3	6-12-4
项　　目			烟道安装		烟囱安装(直径 mm)	
			圆筒形	矩形	600 以内	1200 以内
基　价　(元)			**1104.68**	**1527.50**	**1159.05**	**1374.51**
其中	人　工　费　(元)		352.80	476.40	261.60	230.00
	材　料　费　(元)		95.36	121.63	76.81	69.50
	机　械　费　(元)		656.52	929.47	820.64	1075.01
名　　称	单位	单价(元)	数		量	
人工 综合工日	工日	80.00	4.410	5.955	3.270	2.875
材料 电焊条 结422 φ2.5	kg	5.04	4.900	7.240	2.450	1.960
氧气	m³	3.60	2.820	3.940	1.200	0.800
乙炔气	m³	25.20	0.940	1.310	0.400	0.270
道木	m³	1600.00	0.010	0.010	0.010	0.010
二等方木 综合	m³	1800.00	0.010	0.010	—	—
垫板(钢板 δ=10)	kg	4.56	—	—	3.600	4.240
石棉板衬垫	kg	3.80	—	—	2.800	2.200
石棉编绳 φ3	kg	9.97	—	—	0.440	0.390
其他材料费	元	—	2.820	3.940	2.620	2.350
机械 直流弧焊机 30kW	台班	103.34	0.702	1.030	0.400	0.250
电焊条烘干箱 60×50×75cm³	台班	28.84	0.070	0.104	0.040	0.030
汽车式起重机 16t	台班	1071.52	0.120	0.190	0.070	0.070
汽车式起重机 40t	台班	1811.86	0.220	0.310	—	—
汽车式起重机 75t	台班	5403.15	—	—	0.120	0.170
载货汽车 10t	台班	782.33	0.070	0.070	0.070	0.070

二、漩流沉淀池钢内筒安装

工作内容:吊装、焊接、固定,焊口补刷防锈漆,底、面漆。

单位:t

定 额 编 号					6-12-5
项 目					钢内筒安装
基 价 (元)					**1562.87**
其 中		人 工 费 (元)			473.20
		材 料 费 (元)			220.77
		机 械 费 (元)			868.90
名 称		单位	单价(元)	数 量	
人工	综合工日	工日	80.00	5.915	
材 料	电焊条 结 422 ϕ2.5	kg	5.04	2.500	
	带帽螺栓	kg	8.40	2.500	
	氧气	m^3	3.60	8.500	
	乙炔气	m^3	25.20	3.800	
	垫板(钢板 δ=10)	kg	4.56	6.500	
	镀锌铁丝 8~12 号	kg	5.36	2.900	
	醇酸防锈漆 C53-1 铁红	kg	16.72	0.360	
	松香水	kg	12.00	0.310	
	其他材料费	元	-	5.890	
机 械	吊装机械综合(1)	台班	1312.50	0.550	
	拖车组综合	台班	1781.64	0.033	
	电焊机综合	台班	100.64	0.520	
	电焊条烘干箱 60×50×75cm^3	台班	28.84	0.950	
	其他机械费	元	-	8.500	

三、轧钢钢结构安装

工作内容: 构件现场倒运、复查基础、构件微小变形的修理、构件的临时加固、就位、吊装、找正、固定、吊架、简单起重工具的设置、移动与拆除、临时点焊、固定及焊接工作等。

单位:t

	定 额 编 号			6-12-6	6-12-7
	项 目			冷线、热线钢结构	光亮塔钢结构
	基 价 (元)			**1356.87**	**1340.07**
其中	人 工 费 (元)			302.40	285.60
	材 料 费 (元)			79.12	79.12
	机 械 费 (元)			975.35	975.35
	名 称	单位	单价(元)	数	量
人工	综合工日	工日	80.00	3.780	3.570
材料	电焊条 结 422 ϕ2.5	kg	5.04	2.350	2.350
	氧气	m³	3.60	3.750	3.750
	乙炔气	m³	25.20	1.250	1.250
	垫板(钢板 δ=10)	kg	4.56	4.000	4.000
	其他材料费	元	—	4.040	4.040
机械	电焊机综合	台班	100.64	0.235	0.235
	电动卷扬机(单筒慢速) 50kN	台班	145.07	0.400	0.400
	自行式铲运机(单引擎) 8m³	台班	1272.70	0.200	0.200
	载货汽车 8t	台班	619.25	0.240	0.240
	汽车式起重机 75t	台班	5403.15	0.040	0.040
	履带式起重机 25t	台班	1086.59	0.250	0.250
	其他机械费	元	—	2.740	2.740

四、冶炼系统钢结构安装

工作内容：构件现场倒运、复查基础、构件微小变形的修理、构件的临时加固、就位、吊装、找正、固定、吊架、简单起重工具的设置、移动与拆除、临时点焊、固定及焊接工作等。

单位：t

定　额　编　号			6-12-8	6-12-9	6-12-10	6-12-11	6-12-12
项　　　　目			塔楼钢结构	RH 钢结构	脱硫钢结构	LF 钢结构	VOD 钢结构
基　　价　（元）			**1164.88**	**1168.48**	**1165.28**	**1160.88**	**1168.88**
其中	人　工　费　（元）		289.60	293.20	290.00	285.60	293.60
	材　料　费　（元）		74.72	74.72	74.72	74.72	74.72
	机　械　费　（元）		800.56	800.56	800.56	800.56	800.56
名　　　称	单位	单价（元）	数		量		
人工 综合工日	工日	80.00	3.620	3.665	3.625	3.570	3.670
材料 电焊条 结 422 φ2.5	kg	5.04	2.250	2.250	2.250	2.250	2.250
氧气	m³	3.60	3.580	3.580	3.580	3.580	3.580
乙炔气	m³	25.20	1.190	1.190	1.190	1.190	1.190
垫板（钢板 $\delta=10$）	kg	4.56	3.610	3.610	3.610	3.610	3.610
其他材料费	元	—	4.040	4.040	4.040	4.040	4.040
机械 电焊机综合	台班	100.64	0.225	0.225	0.225	0.225	0.225
电动卷扬机（单筒慢速）50kN	台班	145.07	0.300	0.300	0.300	0.300	0.300
自行式铲运机（单引擎）8m³	台班	1272.70	0.160	0.160	0.160	0.160	0.160
载货汽车 8t	台班	619.25	0.240	0.240	0.240	0.240	0.240
汽车式起重机 75t	台班	5403.15	0.030	0.030	0.030	0.030	0.030
履带式起重机 25t	台班	1086.59	0.200	0.200	0.200	0.200	0.200
其他机械费	元	—	2.730	2.730	2.730	2.730	2.730

五、连铸系统钢结构安装

工作内容:构件现场倒运、复查基础、构件微小变形的修理、构件的临时加固、就位、吊装、找正、固定、吊架、简单起重工具的设置、移动与拆除、临时点焊、固定及焊接工作等。

单位:t

定　额　编　号				6-12-13	6-12-14
项　　　　目				连铸平台钢结构	中包检修平台钢结构
基　　价　（元）				**1358.87**	**1354.07**
其中	人　工　费　（元）			304.40	299.60
	材　料　费　（元）			79.12	79.12
	机　械　费　（元）			975.35	975.35
名　　　称		单位	单价（元）	数　　　　量	
人工	综合工日	工日	80.00	3.805	3.745
材料	电焊条 结 422 ϕ2.5	kg	5.04	2.350	2.350
	氧气	m³	3.60	3.750	3.750
	乙炔气	m³	25.20	1.250	1.250
	垫板（钢板 $\delta=10$）	kg	4.56	4.000	4.000
	其他材料费	元	—	4.040	4.040
机械	电焊机综合	台班	100.64	0.235	0.235
	电动卷扬机（单筒慢速）50kN	台班	145.07	0.400	0.400
	自行式铲运机（单引擎）8m³	台班	1272.70	0.200	0.200
	载货汽车 8t	台班	619.25	0.240	0.240
	汽车式起重机 75t	台班	5403.15	0.040	0.040
	履带式起重机 25t	台班	1086.59	0.250	0.250
	其他机械费	元	—	2.740	2.740

第十三章　金属结构件运输

说　　明

一、本章定额适用于金属结构件从加工厂至施工现场的运输。

二、本章定额已考虑了10km以内的调车里程。

三、金属结构件分类如下表所示：

类　别	名　称
一类构件	各类屋架，桁架、托架和9m以上实腹梁
二类构件	各类柱、桩、梁、板、支架和9m以下实腹梁
三类构件	平板、小型配套构件、檩条
四类构件	天窗架、挡风架、墙壁板、侧板、上下挡、钢平台、梯子、各种支撑等

四、本章定额的工作内容均包括：设置一般支架(或垫楞木)、装车绑扎、运输、按规定位置卸车、支垫、稳固等。

一、一类构件运输

工作内容:设置一般支架(或垫楞木)、装车绑扎、运输、按规定位置卸车、支垫、稳固等。

单位:10t

定　额　编　号			6-13-1	6-13-2	6-13-3	6-13-4	6-13-5	6-13-6
项　　　　　目			一类构件					
			1km	2km	3km	4km	5km	6km
基　　价　(元)			**602.83**	**683.61**	**769.00**	**806.91**	**864.02**	**931.04**
其中	人　工　费　(元)		76.80	84.80	93.60	102.40	110.40	119.20
	材　料　费　(元)		62.33	62.33	62.33	62.33	62.33	62.33
	机　械　费　(元)		463.70	536.48	613.07	642.18	691.29	749.51
名　　称	单位	单价(元)	数			量		
人工	综合工日	工日	80.00	0.960	1.060	1.170	1.280	1.380	1.490
材料	垫木	m³	837.00	0.057	0.057	0.057	0.057	0.057	0.057
	型钢综合	kg	4.00	1.570	1.570	1.570	1.570	1.570	1.570
	其他材料费	元	－	8.340	8.340	8.340	8.340	8.340	8.340
机械	平板拖车组 40t	台班	1911.10	0.138	0.163	0.190	0.200	0.210	0.230
	装载机械综合(1)	台班	999.86	0.200	0.225	0.250	0.260	0.290	0.310

工作内容:同前

单位:10t

定　额　编　号			6-13-7	6-13-8	6-13-9	6-13-10	6-13-11	6-13-12
项　　　目			一类构件					
			8km	10km	13km	16km	20km	25km
基　　价　（元）			**1026.86**	**1151.78**	**1298.79**	**1454.92**	**1661.43**	**1873.86**
其中	人　工　费　（元）		136.80	154.40	183.20	212.00	251.20	287.20
	材　料　费　（元）		62.33	62.33	62.33	62.33	62.33	62.33
	机　械　费　（元）		827.73	935.05	1053.26	1180.59	1347.90	1524.33
名　　称	单位	单价（元）	数			量		
人工 综合工日	工日	80.00	1.710	1.930	2.290	2.650	3.140	3.590
材料 垫木	m³	837.00	0.057	0.057	0.057	0.057	0.057	0.057
型钢综合	kg	4.00	1.570	1.570	1.570	1.570	1.570	1.570
其他材料费	元	－	8.340	8.340	8.340	8.340	8.340	8.340
机械 平板拖车组40t	台班	1911.10	0.250	0.280	0.300	0.330	0.360	0.400
装载机械综合(1)	台班	999.86	0.350	0.400	0.480	0.550	0.660	0.760

二、二类构件运输

工作内容:设置一般支架(或垫楞木)、装车绑扎、运输、按规定位置卸车、支垫、稳固等。

单位:10t

定　额　编　号			6-13-13	6-13-14	6-13-15	6-13-16	6-13-17	6-13-18
项　　　　目			二类构件					
			1km	2km	3km	4km	5km	6km
基　　　价　（元）			**604.97**	**669.26**	**655.06**	**762.24**	**826.08**	**852.82**
其中	人　工　费　（元）		76.00	83.20	90.40	96.80	104.00	108.00
	材　料　费　（元）		53.12	53.12	53.12	53.12	53.12	53.12
	机　械　费　（元）		475.85	532.94	511.54	612.32	668.96	691.70
名　　称	单位	单价(元)	数			量		
人工	综合工日	工日	80.00	0.950	1.040	1.130	1.210	1.300	1.350
材料	垫木	m³	837.00	0.060	0.060	0.060	0.060	0.060	0.060
	其他材料费	元	－	2.900	2.900	2.900	2.900	2.900	2.900
机械	载货汽车 15t	台班	1159.71	0.170	0.200	0.220	0.230	0.250	0.260
	倒运机械综合(1)	台班	1114.80	0.250	0.270	0.230	0.310	0.340	0.350

工作内容:同前

定　额　编　号			6-13-19	6-13-20	6-13-21	6-13-22	6-13-23	6-13-24
项　　　　　目			二类构件					
			8km	10km	13km	16km	20km	25km
基　　　价　（元）			**929.06**	**982.55**	**1133.37**	**1268.25**	**1432.57**	**1569.75**
其中	人　工　费　（元）		116.00	124.00	150.40	172.00	189.60	214.40
	材　料　费　（元）		53.12	53.12	53.12	53.12	53.12	53.12
	机　械　费　（元）		759.94	805.43	929.85	1043.13	1189.85	1302.23
名　　　称	单位	单价（元）	数			量		
人工	综合工日	工日	80.00	1.450	1.550	1.880	2.150	2.370	2.680
材料	垫木	m³	837.00	0.060	0.060	0.060	0.060	0.060	0.060
	其他材料费	元	–	2.900	2.900	2.900	2.900	2.900	2.900
机械	载货汽车 15t	台班	1159.71	0.290	0.310	0.350	0.390	0.430	0.450
	倒运机械综合(1)	台班	1114.80	0.380	0.400	0.470	0.530	0.620	0.700

三、三类构件运输

工作内容: 设置一般支架(或垫楞木)、装车绑扎、运输、按规定位置卸车、支垫、稳固等。

单位:10t

定 额 编 号			6-13-25	6-13-26	6-13-27	6-13-28	6-13-29	6-13-30
项 目			三类构件					
			1km	2km	3km	4km	5km	6km
基 价 (元)			**763.88**	**828.52**	**951.14**	**935.05**	**988.09**	**1004.04**
其中	人 工 费 (元)		102.40	110.40	118.40	126.40	134.40	139.20
	材 料 费 (元)		62.55	62.55	62.55	62.55	62.55	62.55
	机 械 费 (元)		598.93	655.57	770.19	746.10	791.14	802.29
名 称	单位	单价(元)	数			量		
人工 综合工日	工日	80.00	1.280	1.380	1.480	1.580	1.680	1.740
材料 垫木	m³	837.00	0.071	0.071	0.071	0.071	0.071	0.071
其他材料费	元	—	3.120	3.120	3.120	3.120	3.120	3.120
机械 载货汽车 15t	台班	1159.71	0.180	0.200	0.270	0.230	0.240	0.240
倒运机械综合(1)	台班	1114.80	0.350	0.380	0.410	0.430	0.460	0.470

工作内容:同前

定　额　编　号			6-13-31	6-13-32	6-13-33	6-13-34	6-13-35	6-13-36
项　　　　目			三类构件					
			8km	10km	13km	16km	20km	25km
基　　　价　（元）			**943.57**	**1011.84**	**1155.02**	**1289.08**	**1420.74**	**1550.29**
其 中	人　工　费　（元）		150.40	160.00	188.80	212.80	234.40	264.80
	材　料　费　（元）		62.55	62.55	62.55	62.55	62.55	62.55
	机　械　费　（元）		730.62	789.29	903.67	1013.73	1123.79	1222.94
名　　称	单位	单价（元）	数			量		
人工	综合工日	工日	80.00	1.880	2.000	2.360	2.660	2.930	3.310
材料	垫木	m³	837.00	0.071	0.071	0.071	0.071	0.071	0.071
	其他材料费	元	－	3.120	3.120	3.120	3.120	3.120	3.120
机械	载货汽车15t	台班	1159.71	0.280	0.310	0.340	0.380	0.420	0.430
	装载机械综合(2)	台班	795.89	0.510	0.540	0.640	0.720	0.800	0.910

四、四类构件运输

定　额　编　号			6-13-37	6-13-38	6-13-39	6-13-40	6-13-41	6-13-42
项　　　　　目			四类构件					
			1km	2km	3km	4km	5km	6km
基　　　价　（元）			**882.00**	**949.47**	**1014.10**	**1093.16**	**1137.44**	**1179.31**
其中	人　工　费　（元）		128.00	136.80	146.40	155.20	164.00	170.40
	材　料　费　（元）		71.13	71.13	71.13	71.13	71.13	71.13
	机　械　费　（元）		682.87	741.54	796.57	866.83	902.31	937.78
名　　　称	单位	单价（元）	数			量		
人工 综合工日	工日	80.00	1.600	1.710	1.830	1.940	2.050	2.130
材料 垫木	m³	837.00	0.081	0.081	0.081	0.081	0.081	0.081
其他材料费	元	—	3.330	3.330	3.330	3.330	3.330	3.330
机械 载货汽车 15t	台班	1159.71	0.280	0.310	0.330	0.370	0.380	0.390
装载机械综合(2)	台班	795.89	0.450	0.480	0.520	0.550	0.580	0.610

定　额　编　号			6-13-43	6-13-44	6-13-45	6-13-46	6-13-47	6-13-48
项　　　　目			四类构件					
			8km	10km	13km	16km	20km	25km
基　　价　（元）			**1258.74**	**1338.16**	**1526.49**	**1667.27**	**1821.69**	**1987.99**
其中	人　工　费　（元）		183.20	196.00	227.20	253.60	278.40	314.40
	材　料　费　（元）		71.13	71.13	71.13	71.13	71.13	71.13
	机　械　费　（元）		1004.41	1071.03	1228.16	1342.54	1472.16	1602.46
名　　　称	单位	单价(元)	数			量		
人工 综合工日	工日	80.00	2.290	2.450	2.840	3.170	3.480	3.930
材料 垫木	m³	837.00	0.081	0.081	0.081	0.081	0.081	0.081
其他材料费	元	—	3.330	3.330	3.330	3.330	3.330	3.330
机械 载货汽车 15t	台班	1159.71	0.420	0.450	0.510	0.540	0.590	0.620
装载机械综合(2)	台班	795.89	0.650	0.690	0.800	0.900	0.990	1.110

第十四章　无损探伤检验

说　　明

一、无损探伤检验定额中不包括以下工作内容：

1. 探伤固定支架制作。

2. 被检工件的退磁。

二、工程量计算规则：

1. X(γ)射线焊缝无损探伤，应区别不同板厚，以胶片"张"为计量单位。拍片每张按设计规定计算的探伤焊缝总长度除以定额取定的胶片有效长度计算，胶片有效长度为250mm。

2. 超声波、磁粉、渗透金属板材对接焊缝探伤，以焊缝长度"m"为计量单位；金属板材面探伤，以板材面积"m²"为计量单位。

一、X射线探伤

工作内容: 射线机的搬运及固定、焊缝清刷、透照位置标记编号、底片号码编排、底片固定、开机拍片、暗室处理、底片鉴定、技术报告。

单位:10张

定 额 编 号				6-14-1	6-14-2	6-14-3	6-14-4
项 目				板厚(mm)			
				16	30	42	42以上
基 价 (元)				556.92	607.65	775.73	1005.24
其中	人 工 费 (元)			176.00	195.20	235.20	320.00
	材 料 费 (元)			165.72	166.63	167.75	169.67
	机 械 费 (元)			215.20	245.82	372.78	515.57
名 称		单位	单价(元)	数			量
人工	综合工日	工日	80.00	2.200	2.440	2.940	4.000
材料	软胶片 80×300	张	6.00	12.000	12.000	12.000	12.000
	增感屏 80×300	副	10.00	0.600	0.600	0.600	0.600
	压敏胶粘带	m	1.38	6.100	6.400	6.800	7.200
	医用白胶布	m²	18.00	0.120	0.130	0.140	0.180
	医用胶管	m	4.00	0.580	0.620	0.680	0.800
	硫代硫酸钠	g	0.03	201.000	204.000	207.000	210.000
	无水碳酸钠	g	0.01	26.600	27.200	27.600	28.100
	无水亚硫酸钠	g	0.01	54.300	55.200	55.900	56.600

单位:10 张

定　额　编　号				6-14-1	6-14-2	6-14-3	6-14-4
项　　　　目				板厚（mm）			
				16	30	42	42 以上
材料	溴化钾	g	0.02	2.300	2.400	2.500	2.800
	冰醋酸 98%	mL	0.08	20.900	21.400	21.700	22.100
	硼酸	g	0.09	6.470	6.470	6.470	6.470
	硫酸铝钾	g	0.02	12.940	12.940	12.940	12.940
	酚醛调和漆（各种颜色）	kg	18.00	0.120	0.120	0.120	0.120
	阿拉伯铅号码	套	30.00	0.380	0.380	0.380	0.380
	英文铅号码	套	65.00	0.380	0.380	0.380	0.380
	像质计	个	39.00	0.580	0.580	0.580	0.580
	贴片磁铁	副	1.50	0.210	0.220	0.230	0.250
	铅板 80×300×3	块	11.70	0.310	0.310	0.310	0.310
	水	t	4.00	0.150	0.150	0.150	0.150
机械	电	kW·h	0.85	0.750	0.750	0.750	0.750
	X 射线探伤机 2005	台班	259.45	0.800	–	–	–
	X 射线探伤机 2505	台班	267.10	–	0.888	–	–
	X 射线探伤机 3005	台班	341.30	–	–	1.064	1.456
	X 光胶片脱水烘干机 ZTH－340	台班	100.00	0.070	0.080	0.090	0.180

二、γ 射线探伤(内透法)

工作内容:射线机的搬运及固定、焊缝清刷、透照位置标记编号、底片号码编排、底片固定、开机拍片、暗室处理、底片鉴定、
技术报告。

单位:10 张

定 额 编 号			6-14-5	6-14-6	6-14-7	6-14-8
项 目			板厚(mm)			
			28	40	48	48 以上
基 价 (元)			**257.05**	**267.18**	**296.48**	**345.24**
其 中	人 工 费 (元)		79.36	86.40	107.52	144.80
	材 料 费 (元)		151.43	151.78	152.12	152.66
	机 械 费 (元)		26.26	29.00	36.84	47.78
名 称	单位	单价(元)	数		量	
人 工 综合工日	工日	80.00	0.992	1.080	1.344	1.810
材 料 软胶片 80×300	张	6.00	12.000	12.000	12.000	12.000
增感屏 80×300	副	10.00	0.600	0.600	0.600	0.600
压敏胶粘带	m	1.38	0.580	0.580	0.580	0.580
医用白胶布	m²	18.00	0.120	0.120	0.120	0.120
硫代硫酸钠	g	0.03	201.000	204.000	207.000	210.000
无水碳酸钠	g	0.01	26.550	26.920	27.240	27.600

定 额 编 号			6-14-5	6-14-6	6-14-7	6-14-8
项 目			板厚(mm)			
			28	40	48	48 以上
材	无水亚硫酸钠	g	0.01	52.500	53.500	54.500	55.800
	溴化钾	g	0.02	2.300	2.300	2.300	2.300
	冰醋酸 98%	mL	0.08	20.900	21.400	21.700	22.100
	硼酸	g	0.09	6.100	6.400	6.800	7.200
	硫酸铝钾	g	0.02	12.940	12.940	12.940	12.940
	酚醛调和漆（各种颜色）	kg	18.00	0.100	0.110	0.120	0.140
	阿拉伯铅号码	套	30.00	0.380	0.380	0.380	0.380
	英文铅号码	套	65.00	0.380	0.380	0.380	0.380
料	像质计	个	39.00	0.580	0.580	0.580	0.580
	水	t	4.00	0.150	0.150	0.150	0.150
机	电	kW·h	0.85	0.750	0.750	0.750	0.750
	γ 射线探伤仪 192/IY	台班	171.00	0.144	0.160	0.200	0.264
械	X 光胶片脱水烘干机 ZTH－340	台班	100.00	0.010	0.010	0.020	0.020

三、超声波探伤

工作内容:搬运仪器、检验仪器及探头、检验部位清理除污、涂抹耦合剂、探伤、检验结果、记录鉴定、技术报告。　　　单位:见表

定　额　编　号				6-14-9	6-14-10	6-14-11	6-14-12	6-14-13	6-14-14
项　　　目				超声波探伤					
				板厚(mm)				板面超探	板材周边超声波探伤
				25	46	80	120		
单　　　位				10m				10m²	10m
基　　价　(元)				**380.84**	**536.08**	**755.03**	**1042.22**	**369.18**	**191.35**
其中	人　工　费　(元)			53.12	70.40	105.60	151.20	13.44	26.24
	材　料　费　(元)			161.32	214.94	291.56	389.54	187.06	133.20
	机　械　费　(元)			166.40	250.74	357.87	501.48	168.68	31.91
名　　称		单位	单价(元)	数			量		
人工	综合工日	工日	80.00	0.664	0.880	1.320	1.890	0.168	0.328
材料	探头线	根	18.00	0.020	0.020	0.020	0.020	0.060	0.040
	全损耗系统用油(机械油)32号	kg	7.18	0.300	0.400	0.550	0.750	0.750	0.400
	斜探头	个	230.00	0.280	0.400	0.600	0.800	–	–
	直探头	套	176.00	–	–	–	–	0.800	0.200
	铁砂布	张	0.80	6.000	9.000	13.000	17.000	17.000	6.000
	棉纱	kg	6.34	1.200	1.500	2.500	3.500	3.500	1.200
	毛刷	把	2.00	1.000	1.500	1.500	2.000	2.000	1.000
	耦合剂	kg	40.00	2.000	2.500	3.000	4.000	–	2.000
机械	超声波探伤机 CTS－26	台班	284.93	0.584	0.880	1.256	1.760	0.592	0.112

四、磁粉探伤

工作内容:搬运机械、接地、探伤部位除锈打磨清理、配制磁悬液、磁化磁粉反应、缺陷处理、技术报告。

单位:见表

定 额 编 号				6-14-15	6-14-16
项 目				板材磁粉探伤	板材周边磁粉探伤
单 位				10m²	10m
基 价 （元）				**350.12**	**133.38**
其中	人 工 费 （元）			44.80	11.52
	材 料 费 （元）			181.97	91.02
	机 械 费 （元）			123.35	30.84
名 称		单位	单价（元）	数 量	
人工	综合工日	工日	80.00	0.560	0.144
材料	尼龙砂轮片 ϕ150	片	7.60	0.350	0.230
	Oπ-20	mL	0.06	115.000	57.500
	亚硝酸钠	kg	3.10	0.120	0.060
	磁粉	g	0.48	345.000	172.500
	消泡剂	g	0.06	46.000	23.000
	棉纱	kg	6.34	0.580	0.230
机械	磁粉探伤机 9000A	台班	385.46	0.320	0.080

五、渗透探伤

工作内容: 领料、探伤部位除锈清理、配制及喷涂渗透液、喷涂显像液、干燥处理、观察结果、缺陷部位处理记录、清洗药渍、技术报告。

单位:10m

	定　额　编　号			6-14-17	6-14-18
	项　　　　　目			渗透探伤	荧光渗透探伤
	基　　价　（元）			**498.13**	**581.39**
其 中	人　工　费　（元）			80.00	112.00
	材　料　费　（元）			415.13	465.54
	机　械　费　（元）			3.00	3.85
	名　　　　　称	单位	单价(元)	数　　　量	
人工	综合工日	工日	80.00	1.000	1.400
材 料	渗透剂 500mL	瓶	79.59	1.000	－
	荧光渗透探伤剂 500mL	瓶	130.00	－	1.000
	显像剂 500mL	瓶	61.00	4.000	4.000
	清洗剂 500mL	瓶	14.20	6.000	6.000
	棉纱	kg	6.34	1.000	1.000
机械	轴流风机 7.5kW	台班	42.81	0.070	0.090

附　　录

一、一类工程吊装、倒运机械台班权数取定

吊装机械(1312.50 元/台班)						倒运机械(1114.80 元/台班)	
履带式起重机(t)			汽车式起重机(t)			履带式起重机(t)	汽车式起重机(t)
40	25	20	40	25	20	20	20
1959.33	1086.59	1023.51	1811.86	1269.11	1205.93	1023.51	1205.93
10%	15%	15%	10%	25%	25%	50%	50%

二、二类工程吊装、倒运机械台班权数取定

吊装机械(1536.40 元/台班)								倒运机械(1114.80 元/台班)	
塔式起重机(kN·m)		履带式起重机(t)			汽车式起重机(t)			履带式起重机(t)	汽车式起重机(t)
400	150	40	25	15	40	25	16	20	20
2017.29	794.02	1959.33	1086.59	966.34	1811.86	1269.11	1071.52	1023.51	1205.93
30%	10%	15%	15%	10%	10%	5%	5%	50%	50%

三、三类工程吊装、倒运机械台班权数取定

吊装机械(2458.84 元/台班)			倒运机械(2032.42 元/台班)	
塔式起重机（kN·m）		履带式起重机(t)	履带式起重机(t)	汽车式起重机(t)
600	400	40	50	40
2923.51	2017.29	1959.33	2252.81	1811.86
50%	30%	20%	50%	50%

四、四类工程吊装、倒运机械台班权数取定

吊装机械(6192.31 元/台班)			倒运机械(2032.42 元/台班)	
塔式起重机（kN·m）		履带式起重机(t)	履带式起重机(t)	汽车式起重机(t)
1600	900	150	50	40
6925.96	3230.03	8801.29	2252.81	1811.86
50%	30%	20%	50%	50%